中国北方植物丛书

总主编　贺　然　魏　钰　马金双

入侵植物册

郝　强　崔　夏　主编

内容简介

“中国北方植物丛书”归纳整理了中国北方10余个省区市约1 322个县（区、市）植物的基本信息。该丛书从不同角度展现了北方植物主要类群的识别特征和地理分布，图文并茂地介绍了各种各样植物的中文名、学名、主要识别特征，以及保护、利用、入侵等多个层面的重要信息，属于高级科普类图书。

本书是“中国北方植物丛书”之一，共收录109种中国北方入侵植物，涉菊科、苋科、茄科、禾本科、十字花科、大戟科等；介绍和阐述了中国北方入侵植物的名称、科属、识别特征、进入地点、进入途径、危害方式、生境、地理分布等内容。本书既可以是植物学、林学、园林、园艺、环境学等专业从业人员，以及农业、草业、畜牧业、自然保护和生物多样性等领域的工作者的重要参考书，也可作为科学传播中国北方入侵植物相关知识的基本素材，还可供高等院校、中小学院校师生以及自然和植物爱好者等作为工具书使用。

图书在版编目（CIP）数据

中国北方植物丛书．入侵植物册 / 贺然，魏钰，马金双总主编 ；郝强，崔夏主编．-- 上海 ：上海交通大学出版社，2025. 7. -- ISBN 978-7-313-32964-6

Ⅰ. Q948.52

中国国家版本馆CIP数据核字第2025KN8193号

入侵植物册

RUQIN ZHIWU CE

总 主 编：贺　然　魏　钰　马金双

主　　编：郝　强　崔　夏

出版发行：上海交通大学出版社

地　　址：上海市番禺路951号

邮政编码：200030

电　　话：021-64071208

印　　制：上海颛辉印刷厂有限公司

经　　销：全国新华书店

开　　本：710mm×1000mm　1/16

印　　张：20

字　　数：334千字

版　　次：2025年7月第1版

印　　次：2025年7月第1次印刷

书　　号：ISBN 978-7-313-32964-6

审 图 号：GS（2025）1188号

定　　价：120.00元

版权所有　侵权必究

告读者：如发现本书有印装质量问题请与印刷厂质量科联系

联系电话：021-56152633

中国北方植物丛书
编辑委员会

总主编：贺　然、魏　钰、马金双［国家植物园（北园）］

编　委（按姓氏拼音排序）：

阿不都拉·阿巴斯（新疆大学）

曹秋梅（中国科学院新疆生态与地理研究所）

陈红岩［国家植物园（北园）］

崔娇鹏［国家植物园（北园）］

崔　夏［国家植物园（北园）］

杜维波（甘肃农业大学）

郝　强［国家植物园（北园）］

康晓静［国家植物园（北园）］

刘广宁［国家植物园（北园）］

卢鸿燕［国家植物园（北园）］

卢　元（陕西省西安植物园）

孟　昕［国家植物园（北园）］

潘伯荣（中国科学院新疆生态与地理研究所）

任昭杰（山东博物馆）

宋　超［国家植物园（北园）］

图力古尔（吉林农业大学）

王国强［国家植物园（北园）］

王　涛［国家植物园（北园）］

吴　菲［国家植物园（北园）］

张淑梅（大连自然博物馆）

张宪春［中国科学院植物研究所／国家植物园（南园）］

张　雪［国家植物园（北园）］

张　勇（河西学院）

赵东平（内蒙古大学）

赵利清（内蒙古大学）

周达康［国家植物园（北园）］

周海城（吉林长白山国家级自然保护区管理局长白山科学研究院）

总 序

中国地理范围广阔，南北跨越温带、亚热带和热带，东西横跨沿海平原、内陆高原（尤其青藏高原）和荒漠等地域，不仅自然地理条件不同，而且分布其间的生物种类差异甚大。一套覆盖全国的实用性植物图册，显然很难在顾及各地的同时又作详尽介绍。国家植物园本就承担着专业领域里科学研究与科学普及的重任，加之地处华北，针对北方植物开展研究可谓义不容辞。组织编写“中国北方植物丛书”，不仅锻炼并提高了团队的科研水平与能力，而且梳理、总结了我国北方植物的相关信息（资源）；既摸清了我国北方植物资源的概况，又担起了科研人员应尽的责任，发挥了国家植物园的表率作用。鉴于此，丛书的整体格式由编委会确定，内容结合各领域的最新研究成果及植物分类，系统梳理、总结，反映最新的进展；而具体物种的收录与否则由每册主编决定，同时考虑识别信息、说明与备注、版面设计等具体细节。

中国北方的地理范围泛指“三北”地区，即东北地区（黑、吉、辽及内蒙古东四盟市）、华北地区（京、津、冀、鲁、晋、豫及内蒙古中部六盟市）和西北地区（陕、甘、宁、青海北部、新疆及内蒙古西部阿拉善盟和乌海市）。自然地理范围的北方以传统公认的中国南北地理分界线秦岭—淮河一线以北为准。

本丛书中所指中国北方（见图 1 中绿线以上部分）由东至西包括黑龙江、吉林、辽宁、内蒙古、山东、江苏北部（包括徐州、宿迁、连云港）、河北、天津、北京、安徽北部（包括亳州、淮北、宿州、阜阳）、河南（南阳和信阳除外[1]）、山西、陕西（汉中、安康、商洛除外）、甘肃（陇南和甘南除外）、宁夏、青海（玉树和果洛除外）、新疆；地跨全国 34 个省级行政区的一半，计 1 322 个县（区、市），总面积 530 余万 km^2，超过全国面积的 50%[2]。

---

[1] 指地级区划（包括市、州、盟等，下同）。

[2] 根据全国行政区划信息查询平台（http://xzqh.mca.gov.cn/map）统计（数据更新至 2025 年 2 月 18 日）。

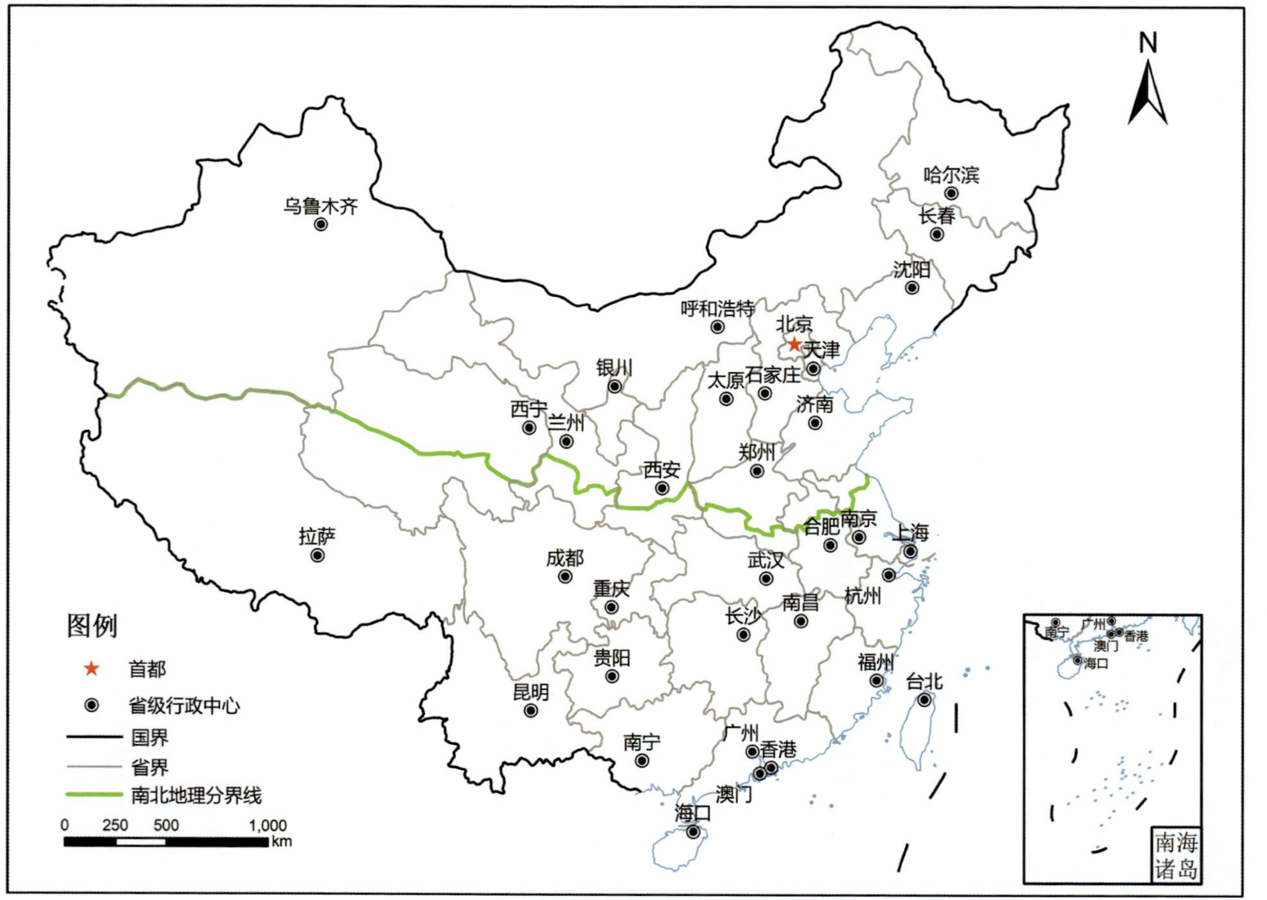
N
哈尔滨
长春
沈阳
北京
天津
呼和浩特
乌鲁木齐
银川
太原
石家庄
济南
西宁
兰州
郑州
西安
合肥
南京
上海
拉萨
成都
武汉
杭州
重庆
南昌
长沙
福州
贵阳
台北
昆明
南宁
广州
香港
澳门
海口
南海诸岛
图例
首都
省级行政中心
国界
省界
南北地理分界线
0 250 500 1,000 km

图1 中国地图

本丛书特别强调科学研究的重要性，任何记载或者记录必须以科学为依据。本丛书名录的编写以《中国植物志》、*Flora of China*、省级地方植物志及相关工作为基础；分类学信息依据更新版本的相关数据库、植物志、名录、学术文章及网络数据等确定并记载。对疑难或有争议类群，该册主编与其编写团队共同决定是否选录，并适当给出依据。其中，分布区不完整或者跨越南北方的，可以适当舍取，关键看其在北方的重要性以及所占比例等多方面情况，具体由该册主编酌情处理。地理分布则依据相关数据库的标本信息、图片信息加以确定，精确至以县（区、市）级为单位说明每个物种在中国北方的分布记录并辅以地理分布点状图（地衣和蘑菇等特殊类群例外）。

每个物种还注明国内其他分布和全球分布。国内其他分布指出了每个物种除本书所指中国北方外在华东、华中、华南和西南地区的分布情况。华东涉七省市：苏（南）、皖（南）、赣、浙、闽、沪、台，华中涉四省：豫（南）、鄂、湘、贵，华南涉三省区及特别行政区：粤、桂、琼、港、澳，西南涉七省区市：陕（南）、川、渝、滇、藏、青（南）、甘（南）。全球分布则明确至各洲：亚洲、大洋洲、欧洲、非洲、北美洲和南美洲。

"中国北方植物丛书"的编写工作由国家植物园（北园）牵头，吸收全国感兴趣的学者，特别是从事北方植物研究的学者参与。"中国北方植物丛书"由国家植物园（北园）贺然园长、魏钰副园长和马金双首席科学家任丛书总主编，各册的编写者为该册主编。丛书预计包括 3 大类近 20 册。

第一类，北方代表植物类：《森林植物册》《草原植物册》《湿地植物册》《荒漠植物册》和《高山植物册》。

第二类，北方孢子植物类：《地衣册》《蘑菇册》《苔藓植物册》和《蕨类植物册》。

第三类，北方资源植物类：《观赏乔木册》《观赏灌木册》《观赏草本册》《观赏藤本册》《保护植物册》《入侵植物册》和《自然保护地册》。

每册记载的物种一般不超过 300 种，《入侵植物册》《保护植物册》和《自然保护地册》等因具体情况不同而有所例外；每种植物介绍突出科属、（主要）识别特征、地理分布［细至县（区、市）级］及地理分布点状图，并以彩色手册形式出版发行。每个物种的篇幅一般不少于 2 个页面，信息涵盖文字说明、分布地图、彩色图版和图注。文字说明包括中文名（别名）、学名（异名）、科属、识别特征、地理分布和其他重要信息，如保护植物的级别、入侵植物的危害情况、观赏植物的特色、生境与习性等，还有特殊记载（说明），如国家特有、北方特有、省区市特有及种群状态等。

本丛书的编写遵循科学、准确、翔实、权威的原则。每册物种的选择标准：首先要尽可能收录全部种类（如保护植物、入侵植物、蕨类植物等），其次为常见种类（如森林、草原、湿地、高山及荒漠等处的植物），再次为代表种类（如观赏植物、地衣、苔藓、蘑菇等）。具体收录要求：①《森林植物册》《草原植物册》《湿地植物册》《荒漠植物册》和《高山植物册》等，每册原则上只记载该类的独特代表类群，不同类型之间的共有物种记入该种最典型生境册中，其他册中不再收录。其中，《高山植物册》以林线为高山植物收录起点（本册所指高山具体包括新疆的阿尔泰山、天山，地跨甘肃与青海的祁连山，位于内蒙古与宁夏交界处的贺兰山，以及东北的长白山），且只记载生长于林线以上的植物，以示其与《森林植物册》的区分。乔木、灌木、草本和藤本植物之间的划分与收录，基本原则也是如此，彼此不得重复。②丛书中的类群收载以自然物种为基准（自然种下类群，如变种或者亚种等，亦收录至本书），但不包括人为条件下产生的品种。所有的物种介绍均针对自然状态下的野生类群，不涉及人为栽培信息，即使观赏类群也是如此。栽培类群不能在观赏类分册中体现，其他册一般情况下也不应该收录。另外，入侵类只能是来自中国北方地区之外的外来类群。③各册物种的排列均以各个大类的最新植物分类系统为准，如被子植物的 APG 系统等。④丛书使用统一的地理分布点状图；每个物种的具体分布（细至县级）以文字和地图的形式同时展示，以便读者了解与使用。

总之，“中国北方植物丛书”的出版宗旨是为一线管理者与使用者提供实用性工作指南，为基层工作人员提供基本参考依据，为业余爱好者提供相关植物信息。因此，本套丛书不仅是方便有关科研人员、高校师生以及广大同仁了解中国北方植物的基本资料，而且是可供相关行业的管理者、工作人员及植物爱好者阅读的科普手册。

丛书主要参考资料

1. 全国范围指南性权威著作

- 中国科学院中国植物志编辑委员会《中国植物志》[第1~80卷(126册)],科学出版社,1959—2014。
- Editorial Committee of *Flora of China*, *Flora of China*(1-25 volumes),Missouri Botanical Garden and Science Press,1994—2013(包括网络版)。
- 中国科学院中国孢子植物志编辑委员会《中国苔藓志》(第1~10卷),科学出版社,1994—2008。
- 中国生物物种名录编辑委员会植物卷工作组《中国生物物种名录》[第一卷(1~13分册)],科学出版社,2013—2018。
- 李德铢《中国维管植物科属词典》,科学出版社,2018年。
- 李德铢《中国维管植物科属志》(上、中、下卷),科学出版社,2020年。
- 马金双《东亚高等植物分类学文献概览》(第2版),高等教育出版社,2022年。

2. 地方性工具书

中国北方10余个省区市的与植物研究相关的志书、名录、检索表等,如《黑龙江省植物志》(初版第4~11卷、修订版第1~11卷)、《吉林省植物志》(第1、2卷;第5、7卷)、《辽宁植物志》(上、下册)、《辽宁植物》(上、中、下册)、《北京植物志》(上、下册)、《河北植物志》(全3卷)、《天津植物志》《山西植物志》(第1~5卷)、《陕西植物志》(第4卷)、《宁夏植物志(第2版)》(上、下卷)、《内蒙古植物志(第3版)》(第1~6卷)、《甘肃植物志》(第2卷)、《青海植物志》(第1~4卷)、《新疆植物志》(第1~6卷及增补本)、《新疆植物志》(简本)、《东北植物检索表》《东北维管束植物考》等;同时也参考了新近发布或出版的内容详尽的植物名录和分布数据集等,如《北京维管植物编目和分布数据集》《天津野生维管植物编目及分布数据集》《青海野生维管植物名录》《新疆野生维管植物名录》等。

3. 其他专业工具书

特色参考资料，如《中国外来入侵植物志》（第1~5卷）、《国家重点保护野生植物名录》《中国生物多样性红色名录——高等植物卷（2020）》、*Aquatic Plants of China*（《中国水生植物图志》）、《中国沙漠植物志》（全3卷），以及地方性相关资料，如《新疆野生观赏植物》《新疆北部野生维管植物图鉴》《中国荒漠植物图鉴》等。

4. 网络版数据资源

网络版数据资源包括植物物种的分布信息、标本资料和实物照片等，但个别物种的网络版资料已经过时，引用时需要审慎考虑并核对，确保无误。相关网址如下：

- 国际植物名称索引（International Plant Names Index，IPNI）：https://www.ipni.org/。
- 世界植物在线（Plants of the World Online，POWO）：https://powo.science.kew.org/。
- 中国知网：https://www.cnki.net/。
- 中国科学院植物研究所植物科学数据中心：https://www.plantplus.cn/cn。
- 中国数字植物标本馆：https://www.cvh.ac.cn/。

“中国北方植物丛书”编辑委员会

2025年春

本册编写说明

1. 编写意义与物种收录标准

随着我国经济的飞速发展和城市化进程的加快，在推进生态文明建设的大背景下，生物安全的重要性日益凸显。入侵植物被认为会对我国生物多样性造成严重威胁。入侵植物指原生于区域外的植物物种因有意或无意被引入特定区域内，通过引入、归化、扩散等过程，种群数量急剧扩大、分布面积大范围增加，对特定区域内生物多样性维持形成显著压力的特定植物种类。对特定区域而言，入侵植物的种类、数量和分布面积呈现持续动态变化的过程。本书收录的中国北方地区入侵植物，其来源包括中国外来植物和国内北方区域外植物两部分。

2. 数据和资料来源

除丛书的参考文献和参考数据库之外，本书还特别参考了《东北地区入侵与归化植物图志》《中国秦岭外来入侵植物图鉴》《陕西外来植物》《宁夏外来及入侵植物图鉴》《中国外来入侵种》《中国外来入侵植物名录》等著作和专业数据库（如中国外来入侵物种信息系统：https://www.plantplus.cn/ias/）等，以及近年来发表的有关北方外来入侵植物的文献资料。本书中所记载的入侵物种进入时间、地点和途径的信息根据目前所追踪到的最早标本或文字记录确定；鉴于历史名称变迁等因素，进入地点仅写为当下的地名。

3. 植物名称及分类处理

本书中植物的物种学名和中文名参考《中国外来植物名录》和《中国外来入侵植物志》，并列出了其他中文名称（异名）。

4. 生境

本书的生境分类参考中华人民共和国国家生态环境标准《全国生态状况调查评估技术规范——生态系统质量评估》（HJ 1172—2021）中的附录 A（全国生态系统分类体系表）。该表将全国生态系统划分为森林生态系统、灌丛生态系统、草地生态系统、湿地生态系统、农田生态系统、城镇生态系统、荒漠生态系统和其他等 8 种类别。

5. 地理分布信息

本书记载的入侵植物地理分布精确至县（区、市）级，少数分布信息未写至县级的保留地级分布；全书行政区划名称参考中华人民共和国民政部"全国行政区划信息查询平台"（http://xzqh.mca.gov.cn/map）。本书所列物种的北方分布记录对应着逸生、归化和入侵等分布状态，少数物种的还包含开放环境栽培状态。

6. 国家级入侵和检疫标注

本书对列入国家级入侵植物名录的物种进行了标注，指出其收录名单和时间（也有利于检疫工作的开展）。涉及的名录如下：国家环境保护总局（现中华人民共和国生态环境部）和中国科学院于 2003 年发布的《中国第一批外来入侵物种名单》，含外来入侵植物 9 种；中国农业部（现中华人民共和国农业农村部，下同）于 2007 年发布的《中华人民共和国进境植物检疫性有害生物名录》，其 2021 年 4 月 9 日的更新版中列出植物 42 种（属）；中国环境保护部（现生态环境部，下同）和中国科学院于 2010 年发布的《中国第二批外来入侵物种名单》，含植物 10 种；中国农业部于 2012 年发布的《国家重点管理外来入侵物种名录（第一批）》，含植物 21 种；国家林业局（现国家林业和草原局）于 2013 年发布的《全国林业危险性有害生物名单》，含植物 6 种（属）；环境保护部和中国科学院于 2014 年发布的《中国外来入侵物种名单（第三批）》，含植物 10 种；环境保护部和中国科学院于 2016 年发布的《中国自然生态系统外来入侵物种名单（第四批）》，含植物 11 种；中国农业农村部、自然资源部、生态环境部、住房和城乡建设部、海关总署、国家林业和草原局组织制定并于 2022 年发布的《重点管理外来入侵物种名录》，含植物 33 种。

7. 记载内容

每种植物记载的内容：中文名（附汉语拼音）、异名、学名、科属、识别特征（部分种另有注释）、物候期、生境、原产地、进入时间、进入地点、进入途径、危害方式、北方分布记录及国内其他分布[1]、全球分布、图和图注、国家级入侵和检疫标注（仅涉及的物种有此条目）。

8. 附录说明

本书在编写时总共收集中国北方各省区市已陆续报道的外来“入侵”植物 274 种，经考证，其中 109 种为北方入侵植物（含国外来源入侵种 108 种和国内来源入侵种 1 种）。其余 165 种属于北方外来非入侵植物（明细见附录），即其在中国北方的最主要生存状态尚未达到入侵程度。

9. 编写分工及致谢

《入侵植物册》由郝强和崔夏编写，马金双负责审定内容，李飞飞协助对本书收录的物种和图片进行鉴定。本书所用图片下方均标注拍摄者姓名，在此对他们深表感谢。特别感谢上海交通大学出版社为本书顺利出版给予的大力支持和帮助。本书的出版得到了国家自然科学基金项目“中国归化植物研究”（项目批准号 31872645）和国家林业和草原局林业有害生物防治项目“国家植物园重点林业有害生物监测与防治”（项目编号 11000023T000002199687）的资助，在此表示感谢！

---

[1] 本书中长刺蒺藜草、刺囊瓜、绿独行菜、羽裂叶龙葵、南美鬼针草、假苍耳等 6 种仅在中国北方分布。

目 录

001 细叶满江红 ………………………………… 1
002 水盾草 ………………………………… 3
003 禾叶慈姑 ………………………………… 5
004 水蕴草 ………………………………… 7
005 白花紫露草 ………………………………… 9
006 凤眼莲 ………………………………… 12
007 节节麦 ………………………………… 15
008 野燕麦 ………………………………… 18
009 毒麦 ………………………………… 21
010 蒺藜草 ………………………………… 24
011 长刺蒺藜草 ………………………………… 27
012 洋野黍 ………………………………… 30
013 双穗雀稗 ………………………………… 32
014 石茅 ………………………………… 34
015 苏丹草 ………………………………… 36
016 小叶冷水花 ………………………………… 38
017 刺果瓜 ………………………………… 40

018 刺囊瓜 ······ 42
019 猩猩草 ······ 44
020 齿裂大戟 ······ 46
021 飞扬草 ······ 48
022 通奶草 ······ 50
023 斑地锦 ······ 53
024 匍匐大戟 ······ 56
025 长叶水苋菜 ······ 58
026 小花山桃草 ······ 60
027 黄花月见草 ······ 63
028 野西瓜苗 ······ 66
029 苘麻 ······ 70
030 豆瓣菜 ······ 73
031 绿独行菜 ······ 76
032 密花独行菜 ······ 78
033 臭荠 ······ 81
034 北美独行菜 ······ 83
035 野萝卜 ······ 86
036 无瓣繁缕 ······ 88
037 球序卷耳 ······ 91
038 麦仙翁 ······ 94

039 白苋……97
040 北美苋……100
041 凹头苋……103
042 绿穗苋……106
043 长芒苋……109
044 合被苋……112
045 反枝苋……115
046 刺苋……118
047 糙果苋……121
048 皱果苋……123
049 空心莲子草……126
050 土荆芥……129
051 铺地藜……132
052 杂配藜……134
053 垂序商陆……137
054 落葵薯……140
055 喜马拉雅凤仙花……143
056 睫毛坚扣草……145
057 田茜……147
058 原野菟丝子……149
059 瘤梗番薯……151

060 牵牛 …… 153
061 圆叶牵牛 …… 156
062 北美刺龙葵 …… 159
063 银毛龙葵 …… 161
064 黄花刺茄 …… 163
065 毛龙葵 …… 166
066 蒜芥茄 …… 168
067 羽裂叶龙葵 …… 170
068 毛果茄 …… 172
069 假酸浆 …… 174
070 毛曼陀罗 …… 177
071 曼陀罗 …… 180
072 苦蘵 …… 184
073 灰绿酸浆 …… 187
074 直立婆婆纳 …… 189
075 阿拉伯婆婆纳 …… 192
076 婆婆纳 …… 195
077 芒苞车前 …… 198
078 北美车前 …… 200
079 长苞马鞭草 …… 202
080 水飞蓟 …… 204

081 长喙婆罗门参 …… 207
082 野莴苣 …… 210
083 续断菊 …… 213
084 屋根草 …… 216
085 欧洲千里光 …… 219
086 加拿大一枝黄花 …… 222
087 一年蓬 …… 224
088 香丝草 …… 227
089 小蓬草 …… 230
090 春飞蓬 …… 233
091 苏门白酒草 …… 235
092 钻形紫菀 …… 237
093 婆婆针 …… 240
094 大狼杷草 …… 243
095 三叶鬼针草 …… 245
096 南美鬼针草 …… 248
097 多苞狼杷草 …… 250
098 黄顶菊 …… 252
099 印加孔雀草 …… 254
100 豚草 …… 256
101 三裂叶豚草 …… 259

102 假苍耳 …………………………………… 262
103 银胶菊 …………………………………… 264
104 意大利苍耳 ………………………………… 266
105 刺苍耳 …………………………………… 269
106 菊芋 ……………………………………… 272
107 牛膝菊 …………………………………… 275
108 粗毛牛膝菊 ………………………………… 278
109 鸡矢藤 …………………………………… 281

附录 中国北方外来非入侵植物（165 种）………… 285
植物中文名索引…………………………………… 295
植物拉丁学名索引………………………………… 297

xì yè mǎn jiāng hóng

001 细叶满江红 | 细绿萍、蕨状满江红

Azolla filiculoides Lam.

槐叶蘋科 Salviniaceae 满江红属 *Azolla*

识别特征 多年生水生漂浮植物。根状茎平卧或近直立，羽状分枝。叶无柄，互生，覆瓦状排列，常为绿色，受低温胁迫影响变红。大孢子果橄榄形，成对着生于分枝处，内含大孢子囊 1 个，大孢子囊外壁有 3 个浮膘。

与满江红（*A. pinnata* subsp. *asiatica* R. M. K. Saunders & K. Fowler）的区别：本种植株形状不规则，羽状分枝，大孢子囊外浮膘 3 个，而满江红植株呈近三角形，二歧状分枝，大孢子囊外浮膘 9 个。

物候期 大孢子春夏产生，能越冬。

生境 湿地、农田、城镇。

原产地 美国和加拿大西部及中美洲至南美洲北部。

进入时间 1977 年。

进入地点 北京。

进入途径 有意引入，作为绿肥和饲料。

危害方式 耐寒且繁殖速度快，易覆盖水面，威胁水生生物生存。

北方分布记录及国内其他分布 **辽宁：**丹东（凤城）、沈阳、营口；**北京：**海淀；**安徽：**亳州（利辛）；**河南：**驻马店（确山、上蔡）。

华东（皖南、浙、闽、沪、台）、华中（鄂、湘）、华南（粤、桂）、西南（川、滇）。

全球分布 亚洲、大洋洲、欧洲、非洲、北美洲和南美洲。

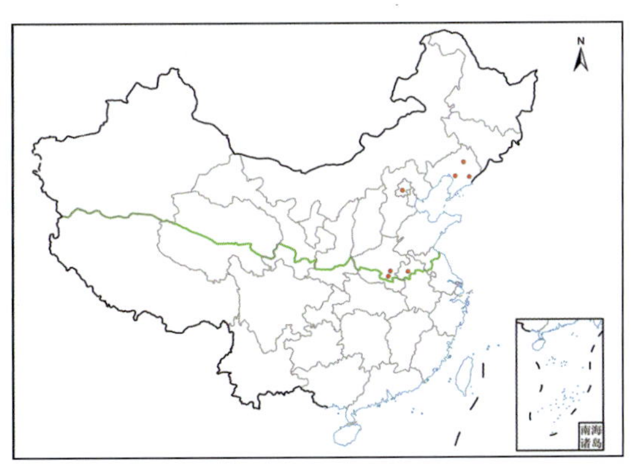

细叶满江红

***Azolla filiculoides* Lam.**

1. 多年生水生漂浮植物，生于水田、沟渠、河流及湖泊的浅水区域；2. 羽状分枝，须根自分枝向下伸向水中；3. 叶常绿色，秋后变红；4. 常与槐叶苹、浮萍等水生植物共生于浅水。

（图 1~3 朱鑫鑫；图 4 周达康 摄）

shuǐ dùn cǎo

002 水盾草 | 竹节水松、绿菊花草

Cabomba caroliniana A. Gray

莼菜科 Cabombaceae 水盾草属 *Cabomba*

识别特征 多年生水生草本。茎长可达 5 m，基部茎光滑，常具锈色短柔毛。叶二型，沉水叶对生，叶片扇形，三到四回掌状细裂，末回裂片线形；浮水叶少数，仅出现在花期，互生于花枝顶端，叶狭椭圆形，盾状着生。花生于叶腋，花瓣 6，白色或淡紫色，基部黄色。坚果，果实长梨形。

水盾草作为水族箱景观植物常见于各地花鸟鱼虫市场，目前我国市场上还存在 2 种该属植物：美丽水盾草（*C. caroliniana* var. *pulcherrima* R. M. Harper）和红水盾草（*C. furcata* Schult. & Schult. f.）。

物 候 期 花期 6—8 月，果期 8—10 月。

生　　境 湿地、农田、城镇。

原 产 地 北美洲、南美洲。

进入时间 1993 年。

进入地点 浙江宁波。

进入途径 有意引入，作为水族箱观赏植物。

危害方式 生长迅速，易阻塞航道和沟渠，威胁水生生物生存。

北方分布记录及国内其他分布 **山东：**菏泽（单县）、济宁（任城、微山）、枣庄（滕州）；**北京：**海淀。

华东（苏南、皖南、赣、浙、闽、沪、台）、华中（鄂、湘）、华南（粤、桂）、西南（渝、滇）。

全球分布 亚洲、大洋洲、欧洲、北美洲和南美洲。

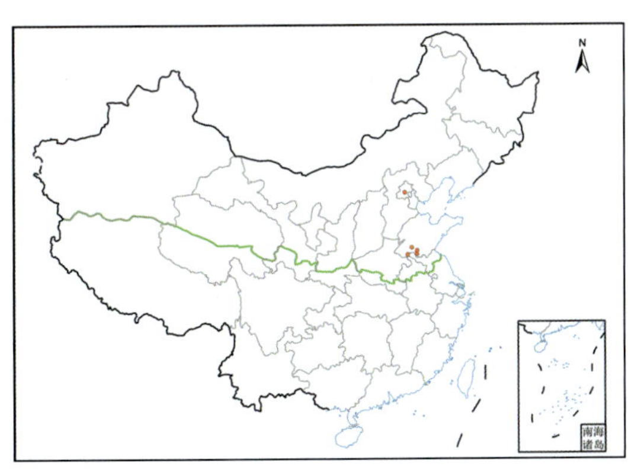

水盾草

***Cabomba caroliniana* A. Gray**

1. 多年生水生草本，生于溪流、湖泊、沼泽；2. 叶二型，沉水叶对生，叶片扇形，三到四回掌状细裂，末回裂片线形；3. 浮水叶少数，仅出现在花期，互生于花枝顶端，狭椭圆形，盾状着生；4. 花白色或淡紫色，基部黄色，花瓣 6。

（图 1 王峰祥；图 2 张敬莉；图 3、4 胡梦霄 摄）

★ 国家级入侵和检疫标注 ★

水盾草于2016年被列入《中国自然生态系统外来入侵物种名单(第四批)》，2022年被列入《重点管理外来入侵物种名录》。

hé yè cí gū

003 禾叶慈姑 | 类禾慈姑

Sagittaria graminea **Michx.**

泽泻科 Alismataceae 慈姑属 *Sagittaria*

识别特征 多年生水生草本，根状茎粗。叶基生，二型，沉水叶柄状，背面有棱；挺水叶线形。总状花序；花序梗长可达 30 cm，苞片合生；花白色，单生，子房上位；雌雄同株异花，花序基部为雌花，上部为雄花；主要靠昆虫传粉。聚合瘦果椭圆形，黄褐色，种子具有弯向一侧的翼。

物 候 期 花期 7—8 月，果期 8—9 月。

生　　境 湿地、农田、城镇。

原 产 地 北美洲。

进入时间 2009 年。

进入地点 辽宁丹东。

进入途径 无意引入。

危害方式 无性繁殖能力强，易成为稻田杂草。

北方分布记录及国内其他分布 **辽宁**：丹东（东港、振安、振兴）。

华中（鄂）、华南（粤）。

全球分布 亚洲、大洋洲、欧洲、北美洲。

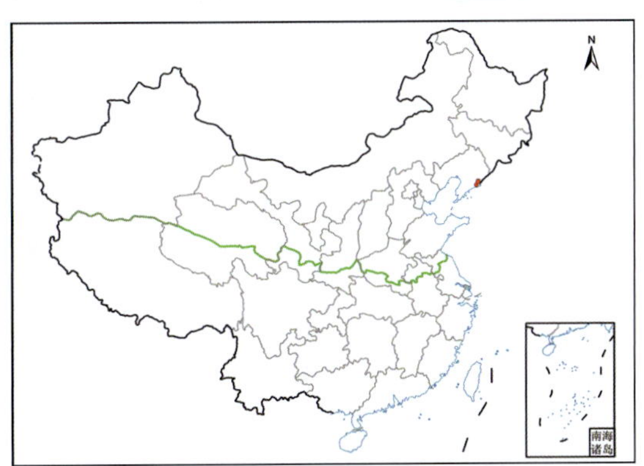

003 禾叶慈姑

禾叶慈姑

***Sagittaria graminea* Michx.**

1. 多年生水生草本，生于池塘、洼地、沼泽、沟渠、河口等水生环境；2. 挺水叶线形似禾叶；3. 总状花序，雌花位于基部，雄花位于顶部；4. 雌花花瓣脱落后的扁球形果实。

（图 1~4 朱鑫鑫 摄）

shuǐ yùn cǎo

004 水蕴草 | 水蕴藻、蜈蚣草、埃格草

Elodea densa（Planch.）Casp.

水鳖科 Hydrocharitaceae 水蕴藻属 *Elodea*

识别特征 多年生沉水草本。植株柔软，茎圆柱状，细长；节间短，节上生不定根。叶轮生，质薄，边缘具细锯齿。花单性，雌雄异株，花瓣3枚，白色，挺水开放；雄花序具小花2~4朵，花瓣表面有褶皱，雄蕊9枚，花丝和花药黄色；雌花单生，较雄花小，具3枚心皮。蒴果椭圆形，肉质。种子纺锤形。

水蕴草常作为对抗藻类的水生植物用于水体生态修复。

物候期 花果期5—10月。

生境 湿地、农田、城镇。

原产地 南美洲。

进入时间 1930年。

进入地点 中国台湾。

进入途径 有意引入，作为水族箱观赏植物。

危害方式 无性繁殖能力强，威胁水生生物生存。

北方分布记录及国内其他分布 **辽宁：**大连（甘井子）；**天津：**西青。

华东（浙、台）、华中（鄂）、华南（粤、港）、西南（川、渝、滇）。

全球分布 亚洲、大洋洲、欧洲、非洲、北美洲和南美洲。

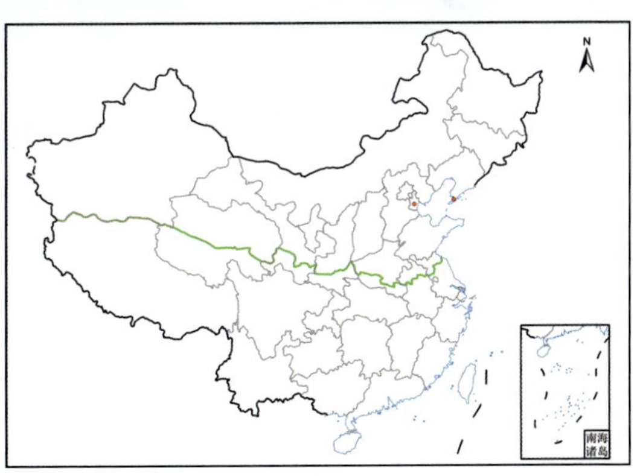

水蕴草

***Elodea densa*（Planch.）Casp.**

1. 多年生沉水草本，生于池塘、湖泊、运河、沟渠等水生环境；2. 茎圆柱状，细长，节间短，叶轮生；3. 雄花白色，花瓣 3 枚，表面有褶皱，挺水开放。

（图 1~3 李飞飞 摄）

bái huā zǐ lù cǎo

005 白花紫露草 | 淡竹叶、白花紫鸭跖草

***Tradescantia fluminensis* Vell.**

鸭跖草科 Commelinaceae 紫露草属 *Tradescantia*

识别特征 多年生草本。茎匍匐或略上扬，表面光滑，节略膨大，节处易生根。叶互生，卵状长圆形，先端尖，叶柄短。复聚伞花序，花小，两性，花萼绿色，花瓣白色；花丝白色，基部密被白色的胡须状柔毛，花药黄色。蒴果具 3 室，种子黑色，表面粗糙。

紫露草属紫竹梅［*T. pallida*（Rose）D. R. Hunt］和吊竹梅（*T. zebrina* Bosse）在我国也有大面积的分布，该属植物无性繁殖能力强，受人为因素影响，常作为观赏植物扩散。

物候期 花果期 7—9 月。

生　境 森林、草地、灌丛、湿地、农田、城镇。

原产地 巴西至阿根廷的热带雨林地区。

进入时间 1956 年。

进入地点 山东青岛。

进入途径 有意引入，作为观赏植物。

危害方式 生长迅速、覆盖地表，影响生物多样性。

北方分布记录及国内其他分布 **辽宁：**大连（中山）；**内蒙古：**锡林郭勒（锡林浩特）；**山东：**济南（章丘）、青岛、泰安（泰山）；**河北：**邯郸（丛台）、张家口（宣化）；**天津：**和平、河西、西青；**北京：**昌平、房山、丰台、海淀；**山西：**太原（小

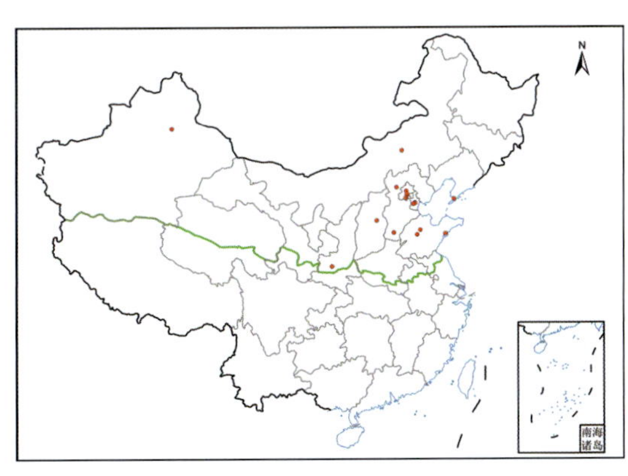

店）；**陕西：**咸阳（杨陵）；**新疆：**乌鲁木齐（新市）。

华东（苏南、皖南、赣、浙、闽、沪、台）、华中（豫南、鄂、贵）、华南（粤、桂）、西南（川、渝、滇）。

全球分布 亚洲、欧洲、非洲、北美洲和南美洲。

白花紫露草

***Tradescantia fluminensis* Vell.**

1. 多年生草本，生于潮湿荫蔽的路边灌丛和林缘；2. 茎匍匐或略上扬，表面光滑，节略膨大，节处易生根；3. 叶互生，先端尖，叶柄短；4. 聚伞花序，花萼绿色，花瓣白色，花两性，花丝白色，基部密被白色的胡须状柔毛，花药黄色。

（图 1~4 朱鑫鑫 摄）

fèng yǎn lián

006 凤眼莲 | 水葫芦、水浮莲、凤眼蓝

***Eichhornia crassipes*（Mart.）Solms**

雨久花科 Pontederiaceae 凤眼莲属 *Eichhornia*

识别特征 一年生或多年生浮水草本。须根发达，棕黑色。茎极短，具长匍匐枝，与母株分离后长出新植株。叶基生成莲座状，叶片宽卵形具弧形脉；叶柄中部膨胀成囊状，内有气室，基部有鞘状苞片。穗状花序，花被片蓝紫色，花冠两侧对称，上方1枚裂片，四周淡紫红色，中间蓝色，内有1黄色斑点，形如“凤眼”；雄蕊6枚，3长3短，贴生于花被筒上。蒴果卵形。

物候期 萌芽期3—5月，花期7—10月，果期8—11月。

生　境 湿地。

原产地 巴西亚马孙河流域。

进入时间 1901年。

进入地点 中国台湾。

进入途径 有意引入，作为观赏植物。

危害方式 阻塞河道，造成水产养殖减产，影响本土水生生物多样性。

北方分布记录及国内其他分布 **吉林：**长春（朝阳）、通化（梅河口）；**辽宁：**锦州、沈阳（浑南、沈北、苏家屯）、铁岭（开原）、营口；**山东：**菏泽（成武、牡丹）、济宁（微山）、临沂；**江苏：**宿迁（泗洪）；**河北：**邯郸（涉县）、唐山（曹妃甸）；**天津：**宝坻、滨海、河西、蓟州、宁河、武清；**北京：**昌平、丰台、海淀、怀柔、平谷、西城；**安徽：**亳州、阜阳；**河南：**焦作（修武）、开封、许昌、郑州（巩义）；**山西：**忻州（繁峙）；**陕西：**宝鸡（眉县）。

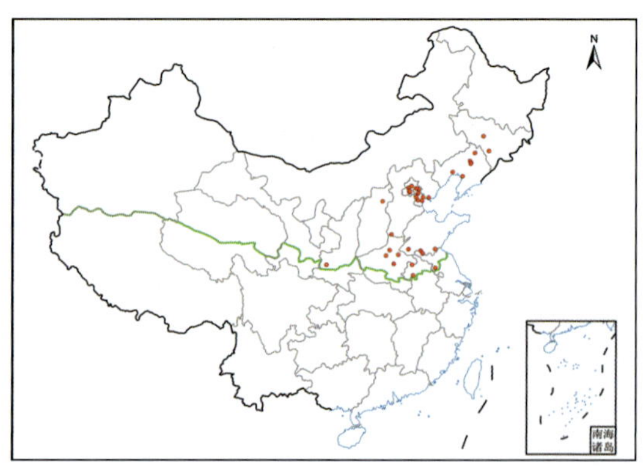

华东（苏南、皖南、赣、浙、闽、沪、台）、华中（豫南、鄂、湘、贵）、华南（粤、桂、琼、港、澳）、西南（陕南、川、渝、滇）。

全球分布 亚洲、大洋洲、欧洲、非洲、北美洲和南美洲。

凤眼莲

Eichhornia crassipes **(Mart.) Solms**

1. 生于池塘、湖泊、运河、沟渠等水生环境；2. 须根发达，棕黑色，茎极短；3. 叶基生成莲座状，叶片宽卵形，具弧形脉叶柄中部膨胀成囊状，内有气室，基部有鞘状苞片；4、5. 穗状花序，花被片蓝紫色，花冠两侧对称，上方 1 枚裂片，四周淡紫红色，中间蓝色，内有 1 黄色斑点，形如“凤眼”，雄蕊 6 枚，3 长 3 短，贴生于花被筒上。

（图 1~3、5 朱鑫鑫；图 4 李飞飞 摄）

★ 国家级入侵和检疫标注 ★

凤眼莲于 2003 年被列入《中国第一批外来入侵物种名单》，2022 年被列入《重点管理外来入侵物种名录》。

jié jié mài

007 节节麦 | 山羊草

Aegilops tauschii Coss.

禾本科 Poaceae 山羊草属 *Aegilops*

识别特征 一年生草本，茎秆丛生。叶鞘包茎，无毛，边缘具纤毛；叶舌薄膜质；叶片上面疏被柔毛。穗状花序圆柱形，具7~10小穗；穗轴具凹陷，成熟时逐节脱落；小穗圆柱形，嵌于穗轴凹陷内，具3~5小花。颖果长圆形，革质。

物候期 花果期5—6月。

生　境 草地、农田、城镇。

原产地 亚洲、欧洲。

进入时间 1955年。

进入地点 陕西西安。

进入途径 有意引入，用作牧草。

危害方式 农田恶性杂草。

北方分布记录及国内其他分布 **内蒙古:** 巴彦淖尔；**山东:** 滨州（无棣、阳信、邹平）、德州（乐陵、宁津、平原、禹城）、东营（广饶、河口）、菏泽（曹县、定陶、菏泽）、济南（长清、历下）、济宁（曲阜、微山、邹城）、聊城（茌平、东阿、冠县、临清、阳谷）、临沂、青岛（即墨、胶州）、泰安（肥城、宁阳、泰山、新泰）、烟台、淄博；**江苏:** 徐州（丰县）；**河北:** 保定、沧州（盐山）、邯郸（丛台、馆陶、邯山、鸡泽、临漳、曲周、永年）、衡水（枣强）、唐山（曹妃甸、玉田）、石家庄（正定）、邢台（隆尧、南和、宁晋、平乡、任泽）；**天津:** 北辰、滨海、静海；**北京:** 大兴、房山、海淀、顺义、通州；**安徽:** 阜阳（颍州）；**河南:** 安阳（北关、滑县、林州、

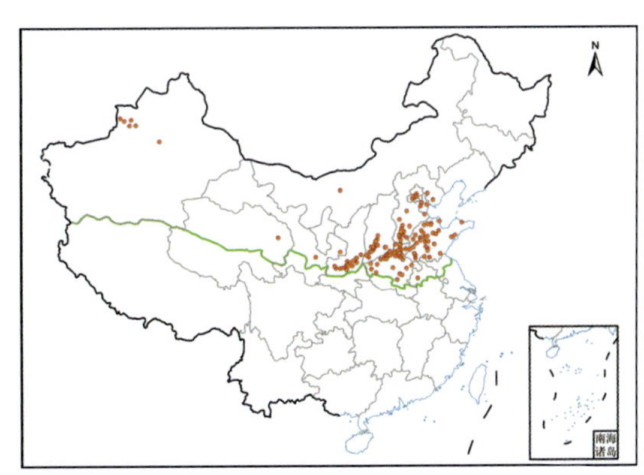

汤阴、殷都）、鹤壁（浚县、淇县）、焦作（博爱、孟州、沁阳、温县、武陟）、开封（兰考）、洛阳（涧西、栾川、偃师）、濮阳（范县、濮阳、台前）、三门峡（灵宝、卢氏、渑池）、商丘（虞城、柘城）、新乡（长垣、封丘、凤泉、获嘉、卫辉、辉县、新乡、延津、原阳）、许昌、郑州（巩义）、周口（淮阳、商水、项城）、驻马店（遂平）；**山西：**晋城（城区、泽州）、临汾（洪洞、侯马、霍州、曲沃、襄汾、尧都、翼城）、运城（稷山、临猗、芮城、闻喜、夏县、新绛、盐湖、永济）；**陕西：**宝鸡（眉县、岐山）、铜川、渭南（澄城、大荔、富平、韩城、临渭、蒲城）、咸阳（泾阳、三原、武功、兴平）、西安（长安、高陵）；**甘肃：**庆阳（宁县）、天水；**青海：**西宁；**新疆：**伊犁（巩留、霍城、尼勒克、新源、伊宁）、巴音郭楞（和静）。

华东（苏南）、华中（鄂）、华南（粤）、西南（川、渝）。

全球分布 亚洲、大洋洲、欧洲、非洲、北美洲和南美洲。

节节麦

***Aegilops tauschii* Coss.**

1. 一年生草本；2. 茎秆丛生，叶鞘包茎，无毛，叶片上面疏被柔毛；3. 穗状花序圆柱形，具 7~10 小穗；4. 小穗圆柱形，嵌于穗轴凹陷内，熟时变黄。

（图 1~4 朱鑫鑫 摄）

★ 国家级入侵和检疫标注 ★

节节麦拉丁学名此前常被误定为 *A. squarrosa* L.，其与具节山羊草（*A. cylindrica* Horst）作为危险性杂草被收录在《中华人民共和国进境植物检疫性有害生物名录》。《中国外来入侵植物志》编研团队认为，*A. squarrosa* L. 是三芒山羊草（*A. triuncialis* L.）的一个异名，后者作为栽培种被收录在《中国植物志》。

yě yàn mài

008 野燕麦 | 燕麦草、乌麦、南燕麦

Avena fatua L.

禾本科 Poaceae 燕麦属 *Avena*

识别特征 一年生草本，茎秆无毛。叶鞘光滑，叶舌膜质。圆锥花序金字塔形；小穗具 2~3 小花，小穗柄下垂，先端膨胀；小穗轴密生淡棕或白色硬毛，节脆硬易断落；芒自稃体中部稍下处伸出，膝曲，芒柱棕色，扭转，第二外稃有芒。颖果被淡棕色柔毛，腹面具纵沟。

本种有一变种光稃野燕麦（*A. fatua* var. *glabrata* Peterm.），其外稃光滑无毛，在我国北方地区亦有广泛分布。

物 候 期 花果期 4—9 月。

生　　境 灌丛、草地、农田、城镇。

原 产 地 欧洲、中亚及亚洲西南部。

进入时间 1861 年。

进入地点 中国香港。

进入途径 无意引入。

危害方式 农田恶性杂草。

北方分布记录及国内其他分布 **黑龙江：**黑河（嫩江）、鸡西（虎林）、牡丹江（穆棱）、齐齐哈尔（拜泉、克山）；**吉林：**白城（通榆）、白山（长白、抚松、江源）、长春（德惠）；**辽宁：**铁岭（昌图、铁岭）；**内蒙古：**阿拉善（阿拉善左）、赤峰（翁牛特）、呼和浩特（新城）、呼伦贝尔（额尔古纳、牙克石、扎兰屯）、乌兰察布（丰镇、四子王）、锡林郭勒（锡

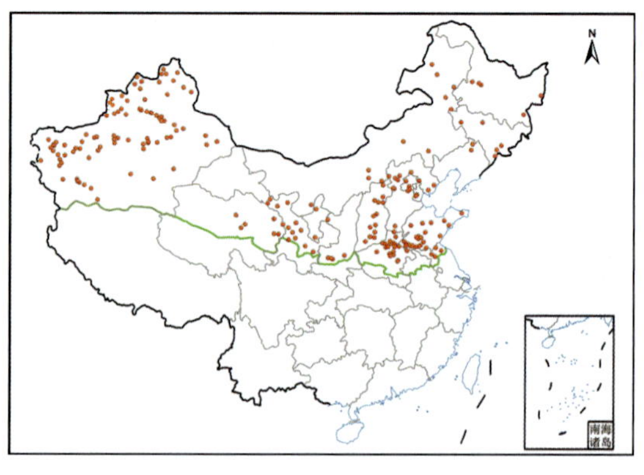

林浩特)、兴安(阿尔山、科尔沁右翼前);**山东:**菏泽(曹县、成武、牡丹、单县)、济南(章丘)、济宁(金乡、曲阜、泗水、微山、兖州、邹城)、聊城(茌平)、青岛(平度、市南)、日照、泰安(新泰)、威海(环翠)、潍坊(青州)、枣庄(山亭、台儿庄);**江苏:**连云港(东海、灌南)、宿迁(泗阳、宿城)、徐州(丰县、沛县);**河北:**承德(丰宁、兴隆)、邯郸(丛台)、秦皇岛(北戴河)、唐山(曹妃甸)、张家口(崇礼、桥西、尚义、万全、宣化、蔚县、张北);**天津:**北辰、西青;**北京:**大兴、房山、海淀、延庆;**河南:**安阳(北关)、鹤壁(浚县)、菏泽(曹县、成武、定陶、牡丹)、焦作(博爱、温县)、开封(兰考、尉氏)、洛阳(伊川)、商丘、新乡(封丘、牧野、延津、原阳)、许昌(长葛、鄢陵)、郑州(惠济、荥阳)、周口(淮阳、商水);**山西:**长治(沁县)、大同(平城)、晋城(沁水)、临汾(安泽、霍州、翼城)、吕梁(交城)、太原(晋源)、忻州(繁峙、宁武、五台、原平)、运城(闻喜);**陕西:**宝鸡(眉县)、渭南(临渭)、西安(周至)、咸阳(杨陵)、榆林(定边);**甘肃:**白银(景泰、靖远)、定西(通渭)、金昌(永昌)、兰州(皋兰、永登、榆中)、临夏(东乡)、天水(清水)、武威(民勤、天祝)、张掖(民乐、山丹);**宁夏:**固原(原州)、银川;**青海:**海北(门源)、海东(化隆)、海西(德令哈、都兰、乌兰)、西宁(城西);**新疆:**阿克苏(阿瓦提、拜城、柯坪、库车、沙雅、温宿、乌什、新和)、阿拉尔、阿勒泰(阿勒泰、布尔津、福海、富蕴、哈巴河、吉木乃、青河)、巴音郭楞(博湖、和静、和硕、库尔勒、轮台、且末、若羌、焉耆、尉犁)、博尔塔拉(博乐、精河、温泉)、昌吉(昌吉、阜康、呼图壁、吉木萨尔、玛纳斯、木垒、奇台)、哈密(巴里坤、伊吾、伊州)、和田(策勒、和田、洛浦、民丰、墨玉、皮山、于田)、喀什(巴楚、伽师、喀什、麦盖提、疏附、疏勒、莎车、塔什库尔干、叶城、英吉沙、岳普湖、泽普)、克拉玛依(克拉玛依)、克孜勒苏(阿合奇、阿克陶、阿图什、乌恰)、石河子、塔城(额敏、和布克赛尔、沙湾、塔城、托里、乌苏、裕民)、吐鲁番(高昌、鄯善、托克逊)、图木舒克、五家渠、乌鲁木齐(米东)、伊犁(察布查尔、巩留、霍城、奎屯、尼勒克、特克斯、新源、伊宁、昭苏)。

华东(皖南、赣、浙、闽、沪)、华中(豫南、鄂、湘、贵)、华南(粤、桂、琼)、西南(川、渝、滇、藏、甘南)。

全球分布 亚洲、大洋洲、欧洲、非洲、北美洲和南美洲。

野燕麦

***Avena fatua* L.**

1. 一年生草本，生于农田、路边、荒地，圆锥花序金字塔形；2. 小穗具 2~3 小花，小穗柄下垂，先端膨胀；3. 芒自稃体中部稍下处伸出，膝曲，芒柱棕色，扭转，第二外稃有芒；4. 果实成熟后植株变黄、干枯。

（图 1~3 薛凯；图 4 李飞飞 摄）

★ 国家级入侵和检疫标注 ★

野燕麦于2016 年被列入《中国自然生态系统外来入侵物种名单(第四批)》，2022 年被列入《重点管理外来入侵物种名录》。作为危险性杂草，本属中有 3 种被收录在《中华人民共和国进境植物检疫性有害生物名录》：细茎野燕麦（*A. barbata* Brot.）、法国野燕麦（*A. ludoviciana* Durien）、不实野燕麦（*A. sterilis* L.）。

dú mài

009 毒麦 | 小尾巴麦、迷糊草

Lolium temulentum L.

禾本科 Poaceae 黑麦草属 *Lolium*

识别特征 一年生草本，茎秆 3~5 节。叶鞘长于节间。穗形总状花序；颖片宽大，长于其小穗，5~9 脉，具窄膜质边缘；外稃卵形，成熟时肿胀，5 脉，先端膜质透明，基盘微小，芒近外稃顶端伸出，内稃约等长于外稃。颖果成熟后肿胀。

本种另有两个变种：长芒毒麦（*L. temulentum* var. *longiaristatum* Parnell）和田毒麦［*L. temulentum* var. *arvense*（With.）Lilj.］，在我国亦有分布记录。

物候期 花果期 6—7 月。

生　境 草地、农田、城镇。

原产地 欧洲地中海地区和亚洲西南部。

进入时间 1957 年。

进入地点 黑龙江黑河。

进入途径 无意引入。

危害方式 对人类和牲畜具毒性。

北方分布记录及国内其他分布 **黑龙江：**哈尔滨（阿城、方正、尚志、延寿）、黑河（爱辉、五大连池、逊克）、牡丹江（东宁、林口、穆棱、宁安）、鸡西（密山）；**吉林：**白城（镇赉）、白山（抚松）、长春（公主岭）、吉林（蛟河、磐石、舒兰、永吉）、辽源、四平（双辽）、通化（辉南、集安）、延边（安图、敦化、和龙、珲春、汪清、延吉）；**辽宁：**大连、辽阳（灯塔）、沈阳；**山东：**济宁（微山、兖州）、菏泽（牡丹）；**江苏：**连云港（海州）；**河北：**秦皇岛；**天津：**滨海；**北京：**昌平、丰台、海淀、延庆；**安徽：**

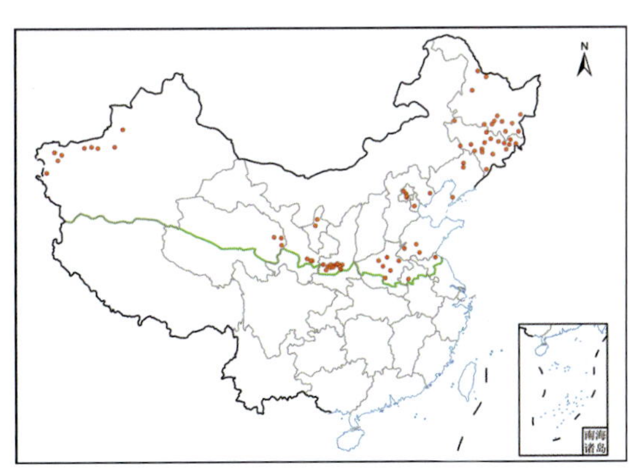

阜阳（颍上）；**河南：**开封、商丘、许昌、郑州（新密）、周口、驻马店；**陕西：**宝鸡（凤翔、扶风、眉县）、渭南、西安（高陵、蓝田、临潼）、咸阳（泾阳、礼泉、乾县、武功、三原、兴平）；**甘肃：**天水（甘谷、麦积、秦州）；**宁夏：**银川、吴忠（青铜峡）；**青海：**西宁（湟中）、海东（乐都、循化）；**新疆：**阿克苏（拜城、温宿、乌什）、喀什（塔什库尔干）、克孜勒苏（阿合奇、阿克陶、阿图什、乌恰）、伊犁（巩留）。

华东（苏南、皖南、赣、浙、闽、沪）、华中（豫南、鄂、湘）、华南（粤、桂）、西南（陕南、川、渝、滇、甘南）。

全球分布　亚洲、大洋洲、欧洲、非洲、北美洲和南美洲。

毒麦

***Lolium temulentum* L.**

1. 一年生草本，生于农田、路边、荒地；2. 茎秆 3~5 节，叶鞘长于节间；3. 穗形总状花序，颖片宽大，长于其小穗，具窄膜质边缘；芒近外稃顶端伸出；4. 颖果成熟后肿胀；5. 果实成熟后整株干枯变黄。

（图 1、3 聂廷秋；图 2 马炜梁；图 4 田琴；图 5 张宏伟 摄）

★ 国家级入侵和检疫标注 ★

毒麦于 2003 年被列入《中国第一批外来入侵物种名单》，又作为危险性杂草被收录在《中华人民共和国进境植物检疫性有害生物名录》。

jí lí cǎo

010 蒺藜草 | 刺蒺藜草、野巴夫草

Cenchrus echinatus L.

禾本科 Poaceae 蒺藜草属 *Cenchrus*

识别特征 一年生草本，基部横卧地面而于节处生根。叶鞘松弛，压扁状具脊；叶舌短小；叶片狭长披针形。总状花序直立；花序主轴具棱，粗糙。刺苞呈稍扁圆球形，刚毛在刺苞上轮状着生，顶端常向内反曲；刺苞背部具较密的细毛和长绵毛，刺苞裂片于中部稍下处连合，刺苞基部收缩呈楔形，总梗密具短毛；每刺苞内具小穗 2~6 个，小穗椭圆状披针形，顶端较长渐尖，含 2 小花。颖果椭圆状扁球形，背腹压扁，种脐点状。

与长刺蒺藜草［*C. longispinus*（Hack.）Fernald］的区别：蒺藜草刺苞为扁圆球形，裂片扁平刺状，刺苞基部刚毛状刺较多，质柔韧，顶端常向内反曲；而长刺蒺藜草刺苞为长圆球形，裂片细长似针刺，刺苞基部刚毛刺少，质坚硬，无典型反向刺。

物 候 期 花果期 7—10 月。

生　　境 灌丛、草地、湿地、农田、城镇、荒漠。

原 产 地 美国南部。

进入时间 1934 年。

进入地点 中国台湾兰屿。

进入途径 无意引入。

危害方式 农田、果园杂草。

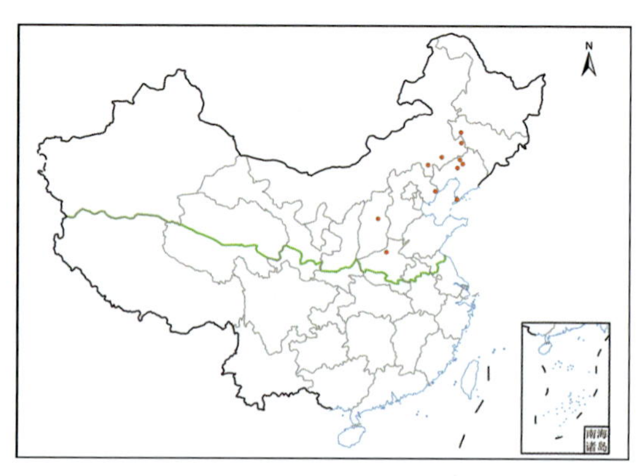

北方分布记录及国内其他分布 **吉林：**白城（通榆）；**辽宁：**大连、阜新（彰武）、锦州（黑山）、沈阳（新民）；**内蒙古：**赤

峰、通辽（科尔沁左翼中、奈曼）；**河北：**秦皇岛；**河南：**新乡（辉县）；**山西：**太原（阳曲）。

华东（浙、闽、台）、华南（粤、桂、琼、港、澳）、西南（滇）。

全球分布 亚洲、欧洲、北美洲和南美洲。

蒺藜草

Cenchrus echinatus **L.**

1. 一年生草本，生于农田、路边、荒地；2. 叶鞘松弛，压扁状具脊，叶舌短小，叶片狭长披针形，质较软；3. 总状花序直立；4. 刺苞扁圆球形，背部具较密的细毛和长绵毛，裂片于中部稍下处连合，基部收缩呈楔形，总梗密具短毛，刚毛在刺苞上轮状着生；5. 果实成熟后脱落。

（图 1~5 周达康 摄）

★ 国家级入侵和检疫标注 ★

蒺藜草于 2010 年被列入《中国第二批外来入侵物种名单》，本属非国产种作为危险性杂草被收录在《中华人民共和国进境植物检疫性有害生物名录》。

chẳng cì jí lí cǎo

011 长刺蒺藜草 | 光梗蒺藜草、少花蒺藜草

Cenchrus longispinus（Hack.）Fernald

禾本科 Poaceae 蒺藜草属 *Cenchrus*

识别特征 一年生草本。基部分蘖，茎先横向匍匐生长，后直立生长，近地面数节具根。叶鞘具脊，膜质，叶片线形或狭长披针形，干后常对折，两面无毛。总状花序自叶鞘中部伸出，花序轴具棱；刺苞稍长圆球形，近基部有 1~2 圈较细刚毛，上部刚毛粗壮，其基部较宽，呈尖三角形，刺苞外面具白色短毛。颖果扁球形。

《中国外来入侵植物志》的编研团队根据识别特征将我国北方常见的之前被鉴定为光梗蒺藜草（*C. spinifex* Cav., *C. incertus* M. A. Curtis, *C. caliculatus* Cav.）、少花蒺藜草（*C. pauciflorus* Benth.）的植物均重新鉴定为长刺蒺藜草。

物 候 期 花果期 8 月。

生　　境 森林、草地、湿地、农田、城镇、荒漠。

原 产 地 北美洲东部地区、墨西哥至西印度群岛。

进入时间 1942 年。

进入地点 辽宁。

进入途径 无意引入。

危害方式 农田、果园杂草。

北方分布记录及国内其他分布 **吉林**：白城（洮南）、四平（双辽）；**辽宁**：朝阳（北票、朝阳）、阜新（阜新、彰武）、锦州（凌海、义县）、沈阳（康平、新民）；**内蒙古**：阿拉善、巴彦淖尔（磴口）、赤峰（阿鲁科尔沁、敖汉、翁牛特）、鄂尔多斯（达

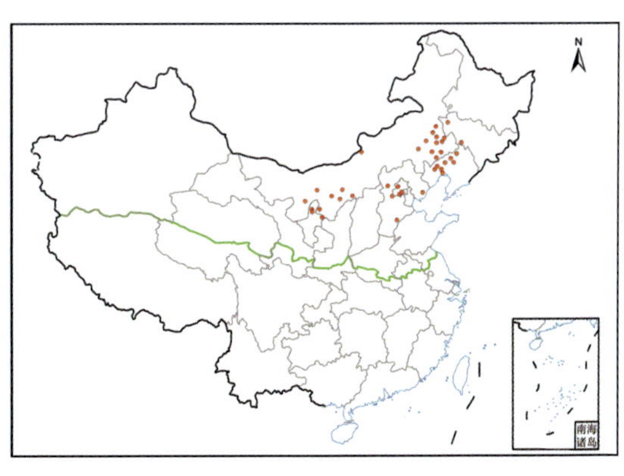

拉特、鄂托克前、杭锦、伊金霍洛、准格尔）、通辽（开鲁、科尔沁、科尔沁左翼中、科尔沁左翼后、库伦、奈曼、扎鲁特）、锡林郭勒（二连浩特）、兴安（科尔沁右翼中）；**河北：**保定（涿州）、衡水（景县）、秦皇岛（昌黎）、张家口（怀来）；**北京：**大兴、通州、延庆；**宁夏：**吴忠（盐池）、银川（金凤、永宁）。

全球分布 亚洲、大洋洲、欧洲、非洲、北美洲和南美洲。

长刺蒺藜草

***Cenchrus longispinus*（Hack.）Fernald**

1. 一年生草本，基部分蘖，茎先横向匍匐生长，后直立生长；2. 叶鞘具脊，膜质，叶片线形或狭长披针形，干后常对折，两面无毛；3. 总状花序自叶鞘中部伸出，花序轴具棱；4. 刺苞稍长圆球形，近基部有 1~2 圈较细刚毛，上部刚毛粗壮，其基部较宽，呈尖三角形，刺苞外面具白色毛。

（图 1~4 张淑梅 摄）

★ 国家级入侵和检疫标注 ★

长刺蒺藜草于 2014 年被列入《中国外来入侵物种名单（第三批）》，2022 年被列入《重点管理外来入侵物种名录》；本属非国产种作为危险性杂草被收录在《中华人民共和国进境植物检疫性有害生物名录》。

yáng yě shǔ

012 洋野黍 | 水生黍

Panicum dichotomiflorum **Michx.**

禾本科 **Poaceae** 黍属 ***Panicum***

识别特征 一年生草本。茎秆质地柔软，多分枝，光滑无毛，下部横卧地面，节上生根。叶鞘圆筒状，叶舌很短，叶片线形，主脉粗。圆锥花序分枝粗糙，小穗疏生，卵状长椭圆形至披针状长椭圆形，平滑；雄蕊 3。

物 候 期 花果期 6—10 月。

生　　境 灌丛、草地、湿地、农田、城镇。

原 产 地 北美洲。

进入时间 1975 年。

进入地点 中国台湾。

进入途径 有意引入，作为牧草。

危害方式 农田杂草。

北方分布记录及国内其他分布 **吉林：**松原（前郭尔罗斯）；**辽宁：**朝阳（喀喇沁左）、抚顺（顺城）、锦州（义县）、沈阳（浑南、沈河）、铁岭（西丰）；**内蒙古：**锡林郭勒（锡林浩特）；**山东：**泰安（泰山）、烟台（海阳）；**河北：**邯郸（邯山）、唐山（丰润、迁西、曹妃甸）；**北京：**昌平、朝阳、房山、海淀、门头沟；**河南：**安阳（北关、文峰）；**山西：**运城（平陆）。

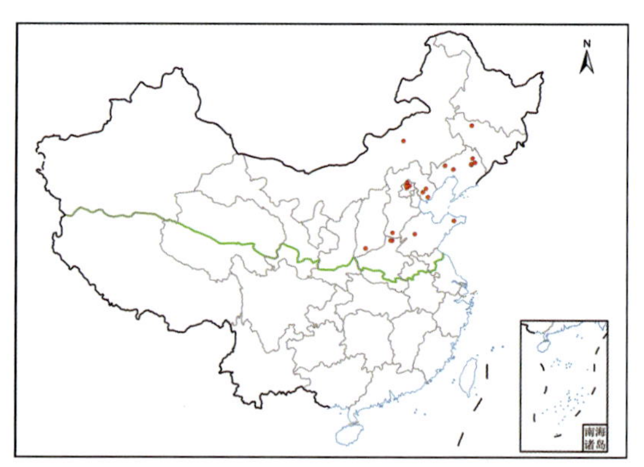

华东（闽）、西南（滇）。

全球分布 亚洲、大洋洲、欧洲、北美洲和南美洲。

洋野黍

***Panicum dichotomiflorum* Michx.**

1. 一年生草本，生于路边、荒地；2. 茎秆质地柔软，光滑无毛，叶鞘圆筒状，叶舌很短，叶片线形；3. 圆锥花序分枝粗糙，小穗疏生；4. 小穗卵状长椭圆形至披针状长椭圆形，平滑，雄蕊 3。

（图 1~4 朱鑫鑫 摄）

shuāng suì què bài

013 双穗雀稗 | 泽雀稗、游水筋、过江龙

Paspalum distichum **L.**

禾本科 **Poaceae** 雀稗属 ***Paspalum***

识别特征 多年生草本。匍匐茎横走、粗壮，节生柔毛。叶鞘短于节间，背部具脊，边缘或上部被柔毛；叶片披针形，无毛。总状花序 2 枚对连，穗轴硬直；小穗倒卵状长圆形，顶端尖，疏生微柔毛。

物候期 花果期 5—9 月。

生境 灌丛、草地、湿地、农田、城镇。

原产地 北美洲、南美洲

进入时间 1904 年。

进入地点 中国台湾和广东南部。

进入途径 有意引入，作为牧草。

危害方式 农田杂草。

北方分布记录及国内其他分布 **吉林**：长春；**山东**：济南（历城）、青岛（崂山）、泰安（岱岳、新泰）；**江苏**：连云港（赣榆）；**安徽**：阜阳（颍州）；**河南**：安阳（北关）、焦作（博爱）、周口（郸城）；**陕西**：咸阳（杨陵）；**宁夏**：银川。

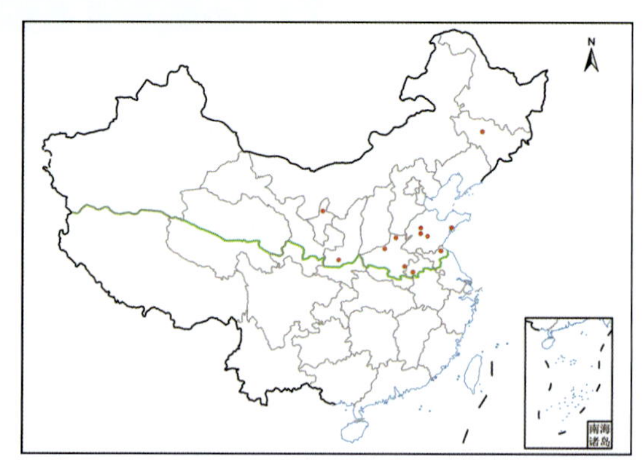

华东（苏南、皖南、赣、浙、闽、沪、台）、华中（鄂、湘、贵）、华南（粤、桂、琼）、西南（川、渝、滇）。

全球分布 亚洲、大洋洲、欧洲、非洲、北美洲和南美洲。

双穗雀稗

***Paspalum distichum* L.**

1. 多年生草本，生于田边、路旁、河岸、草地；2. 匍匐茎横走、粗壮，节生柔毛；3. 叶鞘短于节间，背部具脊，叶片披针形，无毛；4. 总状花序 2 枚对连，穗轴硬直；5. 小穗倒卵状长圆形，顶端尖，疏生微柔毛。

（图 1~5 朱鑫鑫 摄）

shí máo

014 石茅 | 假高粱

Sorghum halepense（L.）Pers.

禾本科 Poaceae 高粱属 *Sorghum*

识别特征 多年生草本。根茎发达，多不分枝。叶舌硬膜质，顶端近截平，无毛；叶片线形，两面无毛，边缘通常具细小刺齿。圆锥花序斜生，1 至数枚在主轴上轮生或一侧着生，基部腋间具灰白色柔毛；无柄小穗椭圆形，具柔毛，成熟后淡棕黄色，基盘钝，被短柔毛。

物 候 期 花果期 7—11 月。

生　　境 灌丛、草地、湿地、农田、城镇。

原 产 地 地中海地区。

进入时间 1904 年。

进入地点 广州和海南。

进入途径 有意引入，用作牧草。

危害方式 农田杂草。

北方分布记录及国内其他分布 **辽宁：**大连（金州）；**山东：**滨州（邹平）、青岛；**江苏：**连云港；**河北：**保定、邯郸（武安）、秦皇岛；**北京：**海淀；**河南：**许昌。

华东（皖南、赣、浙、闽）、华中（鄂、湘）、华南（粤、桂、琼）、西南（陕南、渝）。

全球分布 亚洲、大洋洲、欧洲、非洲、北美洲和南美洲。

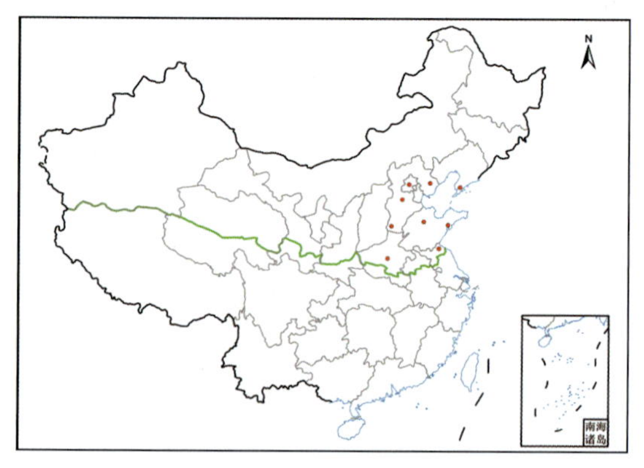

石茅

Sorghum halepense **(L.) Pers.**

1. 多年生草本，生于田边、路旁；2. 根茎发达，多不分枝；3. 叶舌硬膜质，顶端近截平，无毛；4. 叶片线形，两面无毛，边缘通常具细小刺齿；5. 圆锥花序斜生，1 至数枚在主轴上轮生或一侧着生，无柄小穗椭圆形，具柔毛，成熟后淡棕黄色。

（图 1~5 张淑梅 摄）

★ 国家级入侵和检疫标注 ★

石茅于2003年被列入《中国第一批外来入侵物种名单》，2022年被列入《重点管理外来入侵物种名录》；本种及其杂交种作为危险性杂草被收录在《中华人民共和国进境植物检疫性有害生物名录》。

sū dān cǎo

015 苏丹草

***Sorghum bicolor* nothosubsp. *drummondii*（Nees ex Steud.）de Wet ex Davidse**

禾本科 Poaceae 高粱属 *Sorghum*

识别特征 一年生高大草本，通常自基部丛生。叶舌硬膜质，棕褐色，顶端具毛；叶片线状披针形，中脉粗，在背面隆起，两面无毛。圆锥花序开展，有柄小穗宿存，基部具柔毛，顶端有芒。颖果倒卵状椭圆形。

与石茅的区别：苏丹草无根状茎，叶舌顶端具毛，小穗长椭圆形；而石茅根状茎发达，叶舌顶端近截平，无毛，小穗椭圆形。

物候期 花果期7—9月。

生境 灌丛、草地、湿地、农田、城镇。

原产地 非洲。

进入时间 1944年。

进入地点 中国台湾。

进入途径 有意引入，用作牧草。

危害方式 农田杂草。

北方分布记录及国内其他分布 **黑龙江**：绥化（安达）；**内蒙古**：通辽（奈曼）；**天津**：滨海；**北京**：海淀；**安徽**：亳州（蒙城）、阜阳（颍上、颍州）；**河南**：焦作（博爱）；**宁夏**：吴忠（红寺堡、同心、盐池）、银川（贺兰）；**新疆**：巴音郭楞（尉犁）、昌吉（呼图壁）、塔城（沙湾）、伊犁。

华东（苏南、皖南、赣、浙）。

全球分布 亚洲、欧洲、非洲、北美洲和南美洲。

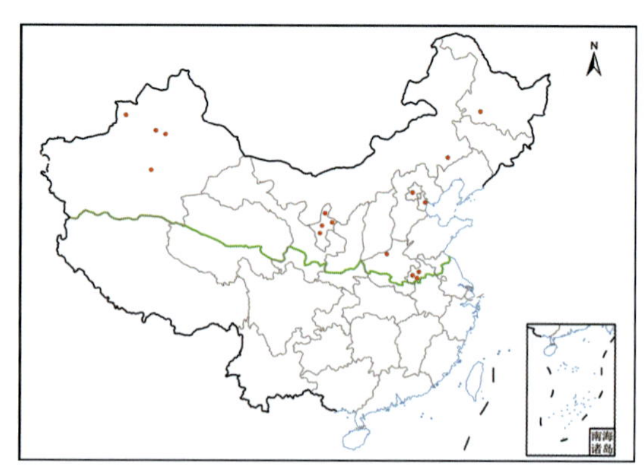

苏丹草

***Sorghum bicolor* nothosubsp. *drummondii*（ Nees ex Steud.）de Wet ex Davidse**

1. 一年生草本，生于田间、路旁；2. 植株高大；3. 茎秆通常自基部丛生；4. 叶片线状披针形，中脉粗，在背面隆起，两面无毛，圆锥花序开展；5. 有柄小穗宿存，基部具柔毛，顶端有芒。

（图 1~5 朱鑫鑫 摄）

xiǎo yè lěng shuǐ huā

016 小叶冷水花 | 透明草、礼花草、小水麻

***Pilea microphylla*（L.）Liebm.**

荨麻科 Urticaceae 冷水花属 *Pilea*

识别特征 一年生纤细草本。茎肉质，多分枝，无毛，密布线形钟乳体。叶同对的不等大，匙形，全缘。雌雄同株，聚伞花序密集成头状。瘦果卵圆形。

物 候 期 花果期6—11月。
生 境 湿地、城镇。
原 产 地 美洲热带地区。
进入时间 约1917年。
进入地点 广东。
进入途径 有意引入，作为观赏植物。
危害方式 入侵草地，破坏生物多样性。

北方分布记录及国内其他分布 **山东：**滨州（滨城）、济南（莱芜）、泰安（泰山）、淄博（周村）；**江苏：**连云港（连云）；**河北：**邯郸、唐山（曹妃甸）；**北京：**海淀、顺义、延庆；**河南：**新乡（牧野）。

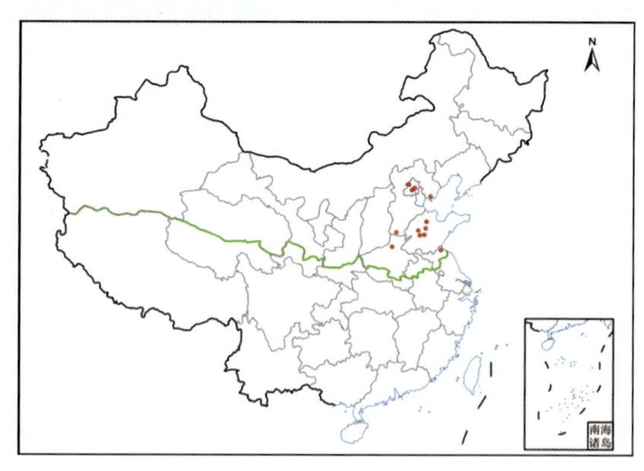

华东（苏南、皖南、赣、浙、闽、台）、华中（鄂、贵）、华南（粤、桂、琼、港）、西南（川、渝、滇）。

全球分布 亚洲、大洋洲、欧洲、非洲、北美洲和南美洲。

小叶冷水花

***Pilea microphylla*（L.）Liebm.**

1. 一年生纤细草本，生于路边石缝和墙上阴湿处；2. 茎肉质，多分枝，无毛；3. 叶同对的不等大，匙形，全缘；4. 雌雄同株，聚伞花序密集成头状。

（图 1~4 朱鑫鑫 摄）

cì guǒ guā

017 刺果瓜 | 刺瓜藤

Sicyos angulatus L.

葫芦科 Cucurbitaceae 刺果瓜属 *Sicyos*

识别特征 一年生大型藤本。茎上具棱槽，密被白色柔毛，有卷须。叶片卵圆形，3~5浅裂。花雌雄同株，雄花排列成头状聚伞花序，花冠5裂，白色至浅黄绿色，裂片三角形；雌花较小，花暗黄色，无柄，聚成头状。果实长卵圆形，簇生，密被白色柔毛与黄褐色细长刺。

物 候 期 花期5—10月，果期6—10月。

生　　境 森林、灌丛、草地、湿地、农田、城镇。

原 产 地 北美洲。

进入时间 1987年。

进入地点 云南昆明。

进入途径 无意引入。

危害方式 具化感作用，影响生物多样性。

北方分布记录及国内其他分布 **辽宁：**本溪、大连（甘井子、沙河口、西岗、中山）、丹东、铁岭；**山东：**青岛（崂山）；**河北：**张家口（宣化）；**北京：**昌平、海淀、密云、延庆。

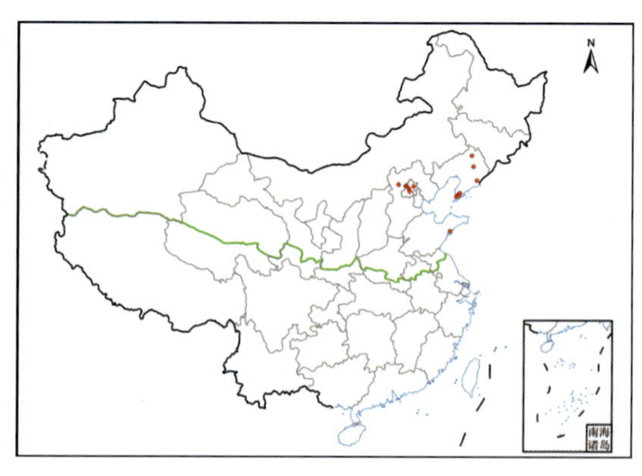

华东（闽、台）、华南（粤）、西南（川、滇）。

全球分布 亚洲、欧洲和北美洲。

刺果瓜

***Sicyos angulatus* L.**

1. 一年生大型藤本，生于水边、林间、田间、灌木丛、路边、荒地；2. 幼苗子叶椭圆形，真叶卵圆形，3~5 浅裂；3. 茎上具棱槽，密被白色柔毛，有卷须；4. 花雌雄同株，雄花排列成头状聚伞花序，花冠 5 裂，白色至浅黄绿色，裂片三角形；5. 果实长卵圆形，簇生，密被白色柔毛与黄褐色细长刺。

（图 1~5 张淑梅 摄）

★ 国家级入侵和检疫标注 ★

刺果瓜于 2016 年被列入《中国自然生态系统外来入侵物种名单（第四批）》，2022 年被列入《重点管理外来入侵物种名录》。

cì náng guā

018 刺囊瓜 | 刺瓜

Echinocystis lobata (Michx.) Torr. & A. Gray

葫芦科 Cucurbitaceae 刺囊瓜属 _Echinocystis_

识别特征 一年生攀援草本，茎细，具棱槽。卷须 2~5 分叉。叶薄纸质，宽卵形，掌状 5~7 深裂或浅裂，两面被粗糙的小疣点。花雌雄同株，异序；雄花序窄圆锥形，雄花萼筒宽钟状，花冠辐状，6 深裂，裂片白色，具明显的脉纹；雌花单生或与雄花序同生于叶腋，花萼与花冠同雄花。果卵球形，囊状，表面密生长皮刺，成熟时自顶端不规则开裂。种子椭圆形，黑褐色。

物 候 期 花期 7—9 月，果期 8—10 月。

生　　境 森林、灌丛、草地、湿地、农田、城镇。

原 产 地 北美洲。

进入时间 2001 年。

进入地点 黑龙江漠河。

进入途径 有意引入，作为绿篱。

危害方式 攀援生长，破坏生物多样性。

北方分布记录及国内其他分布 **黑龙江：**大兴安岭（漠河）；**内蒙古：**额尔古纳。

全球分布 亚洲、欧洲、北美洲。

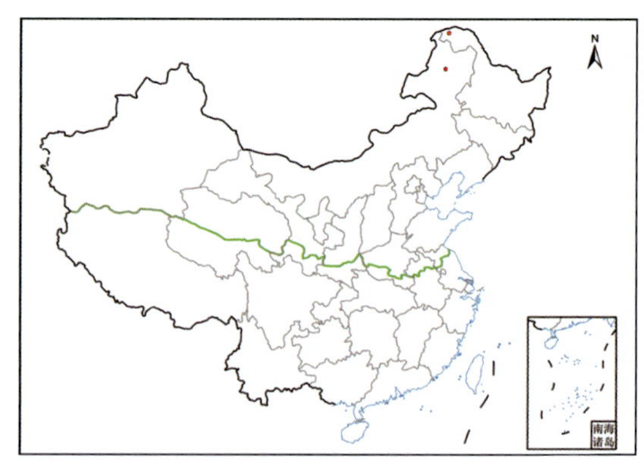

刺囊瓜

***Echinocystis lobata*（Michx.）Torr. & A. Gray**

1. 一年生攀援草本，生于田间、灌木丛、路边空地、荒地；2. 茎细，具棱槽，卷须 2~5 分叉；3. 叶薄纸质，宽卵形，掌状 5~7 深裂或浅裂，两面被粗糙的小疣点；4. 花雌雄同株，异序，雄花序窄圆锥形；5. 雄花萼筒宽钟状，花冠辐状，6 深裂，裂片白色，具明显的脉纹。

（图 1~5 张淑梅 摄）

xīng xīng cǎo

019 猩猩草 | 草一品红、叶上花、圣诞树

Euphorbia cyathophora Murr.

大戟科 Euphorbiaceae 大戟属 *Euphorbia*

识别特征 一年生或多年生草本。茎直立，上部多分枝。叶互生，卵形，边缘常波状分裂或具波状齿；苞叶与茎生叶同形，基部具菱形红色至白色色块。花序数枚聚伞状排列于分枝顶端，总苞钟状，绿色，边缘 5 裂，扁杯状腺体 1~2 枚，近两唇形，黄色。蒴果三棱状球形。

物 候 期 花果期 10—11 月。

生　　境 森林、灌丛、草地、城镇。

原 产 地 中南美洲以及西印度群岛地区。

进入时间 1911 年。

进入地点 中国台湾。

进入途径 有意引入，当作观赏植物。

危害方式 破坏本土物种多样性。

北方分布记录及国内其他分布 **山东：**滨州（邹平）、济宁（泗水、微山、邹城）、淄博（周村）；**安徽：**阜阳（临泉）。

华东（苏南、皖南、赣、浙、闽、台）、华中（豫南、鄂、湘、贵）、华南（粤、桂、琼）、西南（川、渝、滇）。

全球分布 亚洲、欧洲、非洲。

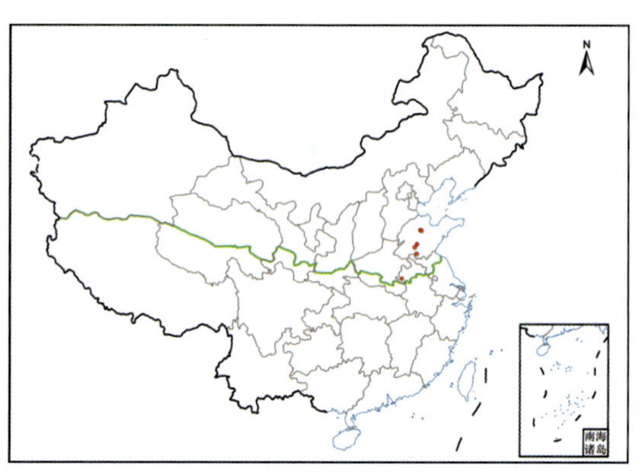

猩猩草

***Euphorbia cyathophora* Murr.**

1. 一年生或多年生草本，生于路旁、沙滩、林下、荒地；2. 茎直立，上部多分枝，叶互生，卵形，边缘常波状分裂或具波状齿；3、4. 苞叶与茎生叶同形，基部具菱形红色至白色色块，花序数枚聚伞状排列于分枝顶端，扁杯状腺体 1~2 枚，近两唇形，黄色蒴果三棱状球形。

（图 1 张海森；图 2 吴棣飞；图 3 罗金龙；图 4 陈又生 摄）

chǐ liè dà jǐ

020 齿裂大戟 | 齿叶大戟

Euphorbia dentata Michx.

大戟科 Euphorbiaceae 大戟属 *Euphorbia*

识别特征 一年生草本，茎上部多分枝。叶对生，线形至卵形，多变化；边缘全缘、浅裂至波状齿裂，多变化。花序数枚，聚伞状生于分枝顶部；腺体 1 枚，两唇形，生于总苞侧面，淡黄褐色。蒴果扁球状，具 3 个纵沟；成熟时分裂为 3 个分果爿；种子卵球状，黑褐色，表面粗糙，具不规则瘤状突起，腹面具一黑色沟纹。

物候期 花果期 7—10 月。

生境 灌丛、草地、湿地、农田、城镇。

原产地 北美洲。

进入时间 1976 年。

进入地点 北京。

进入途径 有意引入，当作药用植物。

危害方式 破坏本土物种多样性。

北方分布记录及国内其他分布 **辽宁：**大连（甘井子、金州）；**山东：**滨州（邹平）、济南（市中、章丘）、莱芜（莱城）、泰安（泰山）、威海（环翠、乳山）、淄博（张店、周村）；**江苏：**连云港；**河北：**保定（莲池、清苑、曲阳、易县）、秦皇岛（山海关）、石家庄（鹿泉）、唐山（开平）、张家口（桥东）；**天津：**滨海、蓟州、武清；**北京：**昌平、朝阳、房山、海淀、门头沟、顺义、延庆；**山西：**晋中（榆次）。

华东（皖南）、华中（豫南、鄂、湘）、华南（桂）、西南（滇）。

全球分布 亚洲、北美洲。

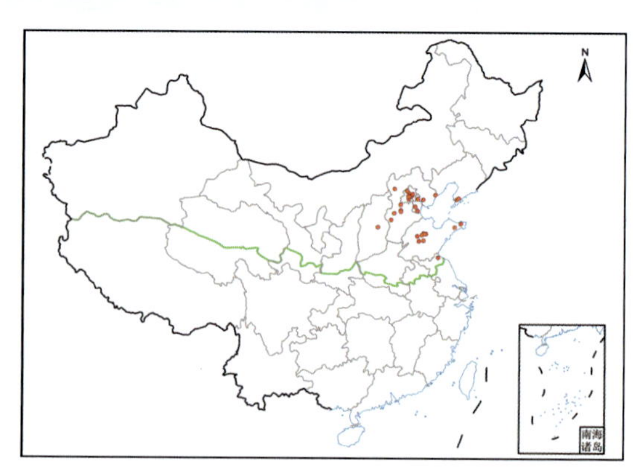

齿裂大戟

***Euphorbia dentata* Michx.**

1. 一年生草本，茎上部多分枝，生于杂草丛、路旁及沟边；2. 叶对生，卵形，边缘波状齿裂，多变化；3. 植株含白色乳汁，具毒性；4. 花序数枚，聚伞状生于分枝顶部；5. 腺体 1 枚，两唇形，生于总苞侧面，淡黄褐色，蒴果扁球状，具 3 个纵沟；6. 果实成熟时分裂为 3 个分果爿。

（图 1、4~6 薛凯；图 2、3 郝强 摄）

★ 国家级入侵和检疫标注 ★

齿裂大戟作为危险性杂草被收录在《中华人民共和国进境植物检疫性有害生物名录》。

fēi yáng cǎo

021 飞扬草 | 飞相草、乳籽草、大飞扬

Euphorbia hirta L.

大戟科 Euphorbiaceae 大戟属 *Euphorbia*

识别特征 一年生草本，茎自中部向上分枝，被黄褐色粗硬毛。叶对生，披针状长圆形，中上部有细齿，两面被柔毛，叶柄极短。花序多数，于叶腋处密集成头状，无梗，被柔毛；总苞钟状，裂片三角状卵形，腺体 4，近杯状，边缘具白色倒三角形附属物；雄花数枚，雌花 1 枚。蒴果三棱状；种子近圆形，具 4 棱。

物 候 期 花果期 6—11 月。

生　　境 灌丛、草地、湿地、农田、城镇。

原 产 地 美国南部至阿根廷和西印度群岛。

进入时间 1820 年。

进入地点 中国澳门。

进入途径 有意引入，当作药用植物。

危害方式 农田杂草，破坏本土物种多样性。

北方分布记录及国内其他分布 **黑龙江**：哈尔滨；**北京**：海淀。

华东（苏南、皖南、赣、浙、沪、闽、台）、华中（豫南、鄂、湘、贵）、华南（粤、桂、琼、港、澳）、西南（川、渝、滇）。

全球分布 亚洲、大洋洲、欧洲、非洲、北美洲和南美洲。

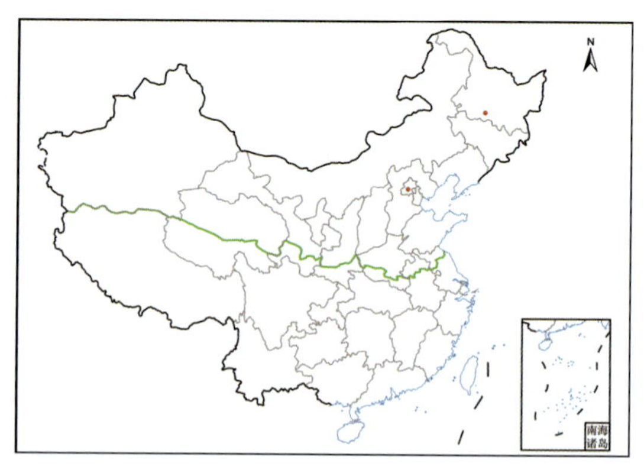

飞扬草

***Euphorbia hirta* L.**

1. 一年生草本，生于荒地、路旁、灌丛及田间；2. 叶对生，披针状长圆形，中上部有细齿，两面被柔毛；3. 茎自中部向上分枝，被黄褐色粗硬毛；叶柄极短；4. 花序多数，于叶腋处密集成头状，无梗，蒴果三棱状。

（图 1~4 朱鑫鑫 摄）

tōng nǎi cǎo

022 通奶草 | 小飞扬草、南亚大戟

***Euphorbia hypericifolia* L.**

大戟科 Euphorbiaceae 大戟属 *Euphorbia*

识别特征 一年生草本。茎直立，自基部分枝。叶对生，倒卵形，不对称，通常偏斜，两面被稀疏的柔毛；托叶三角形，分离或合生；苞叶 2 枚，与茎生叶同形。杯状聚伞花序簇生于叶腋或枝顶；雄花数枚，雌花 1 枚，子房柄长于总苞；子房三棱状，无毛；花柱 3，分离；柱头 2 浅裂。蒴果三棱状；种子卵形具棱。

物候期 花果期 7—11 月。

生境 灌丛、草地、湿地、农田、城镇。

原产地 美国南部至阿根廷和西印度群岛。

进入时间 1907 年。

进入地点 广东。

进入途径 无意引入。

危害方式 破坏本土物种多样性。

北方分布记录及国内其他分布 **辽宁：**鞍山（千山）、本溪（桓仁）、大连（甘井子、金州、普兰店、瓦房店）、辽阳（宏伟）、沈阳（浑南）；**内蒙古：**呼和浩特；**山东：**菏泽（定陶、牡丹）、济南（槐荫、莱芜、历城、历下、天桥、章丘）、济宁（曲阜、泗水）、临沂（苍山、费县、蒙阴、平邑）、青岛（即墨、胶州、崂山）、泰安、潍坊（昌乐）、烟台（莱阳）、枣庄（市中）；**江苏：**宿迁（泗洪、宿豫）；**河北：**承德（承德）、邯郸、秦皇岛（昌黎）、唐山（曹妃甸、玉田）；**天津：**滨海、河西、蓟州；**北京：**昌平、朝阳、

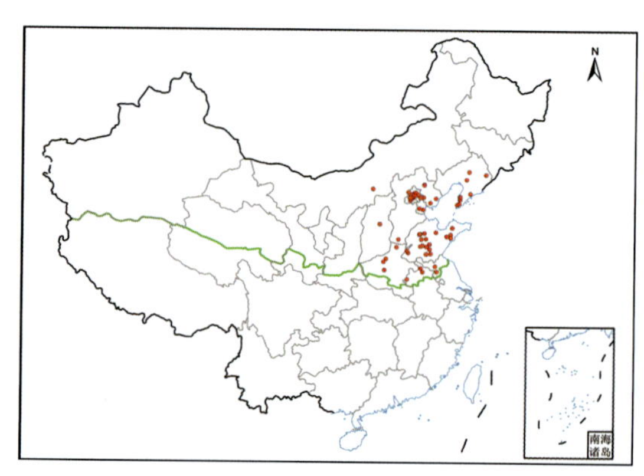

房山、丰台、海淀、怀柔、门头沟、密云、平谷、顺义、延庆；**安徽：**阜阳（临泉）、淮北（相山）、宿州；**河南：**安阳（文峰）、焦作（博爱、孟州）、平顶山（汝州）；**山西：**太原（晋源）。

华东（苏南、皖南、赣、浙、闽、沪、台）、华中（豫南、鄂、湘、贵）、华南（粤、桂、琼）、西南（川、渝、滇）。

全球分布 亚洲、大洋洲、欧洲、非洲、北美洲和南美洲。

022 通奶草

通奶草

***Euphorbia hypericifolia* L.**

1. 一年生草本，生于荒地、路旁、灌丛及田间；2. 茎直立，自基部分枝；3. 叶对生，不对称，倒卵形，基部圆形，通常偏斜，叶柄极短；4. 聚伞花序簇生于枝顶，雄花数枚，雌花1 枚，果实三棱状，果柄长于总苞。

（图 1~4 朱鑫鑫 摄）

bān dì jǐn

023 斑地锦 | 斑地锦草

Euphorbia maculata L.

大戟科 Euphorbiaceae 大戟属 *Euphorbia*

识别特征 一年生草本，茎匍匐，被白色疏柔毛。叶对生，肾状长圆形，基部偏斜，不对称；叶面中部常具有一个长圆形的紫色斑点；叶柄极短。花序单生于叶腋，基部具短柄；总苞狭杯状，裂片三角状圆形；腺体 4，黄绿色，边缘具白色附属物。蒴果三角状卵形，被稀疏柔毛；种子卵状四棱形。

物 候 期 花果期 6—11 月。

生　　境 草地、湿地、农田、城镇。

原 产 地 加拿大和美国。

进入时间 1914 年。

进入地点 不详。

进入途径 无意引入。

危害方式 旱地杂草，破坏本土物种多样性。

北方分布记录及国内其他分布 **黑龙江：**齐齐哈尔（昂昂溪、龙江）；**吉林：**白城（通榆）、松原（前郭尔罗斯）；**辽宁：**鞍山（立山）、大连（金州、旅顺口）、阜新（彰武）、葫芦岛（连山）、沈阳（新民）；**内蒙古：**赤峰（红山）、呼和浩特（土默特左）；**山东：**东营（河口、垦利）、济南（天桥、长清）、济宁（金乡、曲阜、泗水、微山、兖州、邹城）、临沂（费县、蒙阴）、青岛（即墨、崂山、平度）、泰安（新泰）、威海、潍坊（临朐）、烟台（莱山、牟平）、枣庄（山亭、滕州）、淄博（周村）；**江苏：**连云港（赣

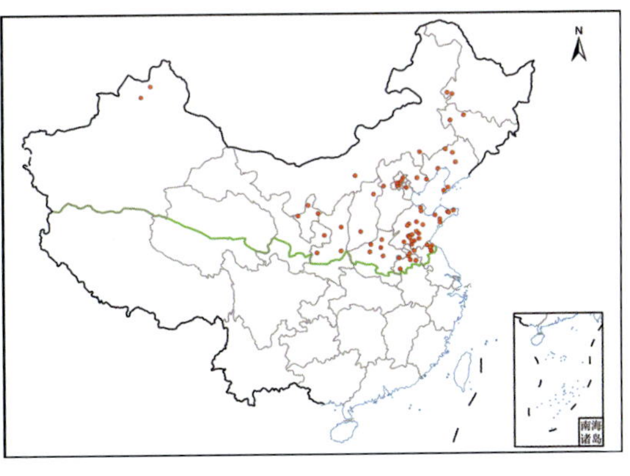

榆、灌云、连云、海州）、徐州（贾汪）；**河北：**秦皇岛、唐山（迁西）、张家口（蔚县）；**天津：**武清；**北京：**大兴、房山、海淀、门头沟、密云、顺义；**安徽：**亳州、阜阳、淮北、宿州（灵璧、萧县、埇桥）；**河南：**济源、洛阳（伊川）、新乡（辉县）、许昌、郑州；**山西：**临汾（尧都）、忻州（繁峙）；**陕西：**宝鸡、渭南、延安；**甘肃：**庆阳（西峰）；**宁夏：**吴忠（盐池）、银川、中卫；**新疆：**克拉玛依、塔城（和布克赛尔）。

华东（苏南、皖南、赣、浙、闽、沪、台）、华中（豫南、鄂、湘、贵）、华南（粤、桂、琼、港、澳）、西南（陕南、川、渝、滇）。

全球分布 亚洲、大洋洲、欧洲、非洲、北美洲和南美洲。

斑地锦

***Euphorbia maculata* L.**

1. 一年生草本，生于路旁、草地、农田、荒地和公园绿地等；2. 叶对生，肾状长圆形，叶面中部常具有一个长圆形的紫色斑点；3. 叶基部偏斜，不对称，叶柄极短；4. 花序单生于叶腋，总苞狭杯状，蒴果三角状卵形，被稀疏柔毛。

（图 1~4 周达康 摄）

pú fú dà jǐ

024 匍匐大戟 | 铺地草

Euphorbia prostrata Ait.

大戟科 Euphorbiaceae 大戟属 *Euphorbia*

识别特征 一年生草本。茎匍匐状，自基部多分枝；叶对生，椭圆形至倒卵形，叶面绿色，叶背有时略呈淡红色，叶柄极短，托叶长三角形，易脱落；花序常单生于叶腋；总苞陀螺状，腺体4；蒴果三棱状，种子卵状四棱形，黄色。

物 候 期 花果期6—11月。
生　　境 草地、湿地、城镇。
原 产 地 美洲热带和亚热带地区。
进入时间 1921年。
进入地点 广东潮州。
进入途径 无意引入。
危害方式 杂草，破坏本土物种多样性。

北方分布记录及国内其他分布 **山东：**济宁（兖州）、泰安（岱岳）；**江苏：**宿迁（泗洪、泗阳）、徐州（铜山）；**天津：**武清；**北京：**通州；**甘肃：**武威（民勤）。

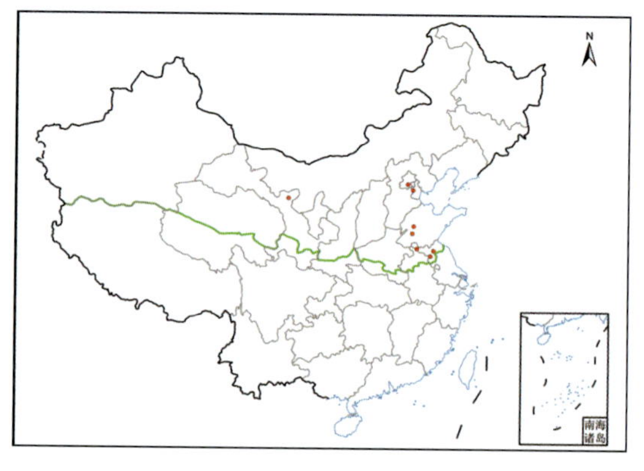

华东（苏南、皖南、赣、浙、闽、沪、台）、华中（豫南、鄂、湘、贵）、华　南（粤、桂、琼）、西南（陕南、川、渝）。

全球分布 亚洲、大洋洲、欧洲、非洲、北美洲和南美洲。

匍匐大戟

Euphorbia prostrata **Ait.**

1. 一年生草本，生于绿地、路边、荒地；2. 茎匍匐状，自基部多分枝；3. 叶对生，椭圆形至倒卵形，叶面绿色；4. 叶背有时略呈淡红色。

（图 1~4 郝强 摄）

chángyè shuǐ xiàn cài

025 长叶水苋菜 | 红花水苋

Ammannia coccinea Rottb.

千屈菜科 Lythraceae 水苋菜属 *Ammannia*

识别特征 一年生草本。茎直立，分枝多且较长，主茎在叶腋处常有明显火焰状紫色斑。叶对生，无柄，狭披针形，基部明显扩大，呈戟状耳形，半抱茎，一条叶脉从基部直达叶尖。花单生或2~7朵簇生于叶腋，花瓣4~5，紫色、淡紫色或粉红色，早落。蒴果球形，成熟时近1/3伸出萼筒之外；种子卵状三角形，棕黄色。

物候期 花期4—7月，果期5—9月。

生境 湿地、农田、城镇。

原产地 北美洲、南美洲。

进入时间 1987年。

进入地点 中国台湾。

进入途径 无意引入。

危害方式 稻田杂草，破坏本土物种多样性。

北方分布记录及国内其他分布 **山东：**济宁（微山、兖州）；**北京：**昌平、朝阳、房山、海淀、怀柔、顺义、西城、延庆；**安徽：**阜阳（颍上）。

华东（浙、台）。

全球分布 亚洲、大洋洲、欧洲、非洲、北美洲和南美洲。

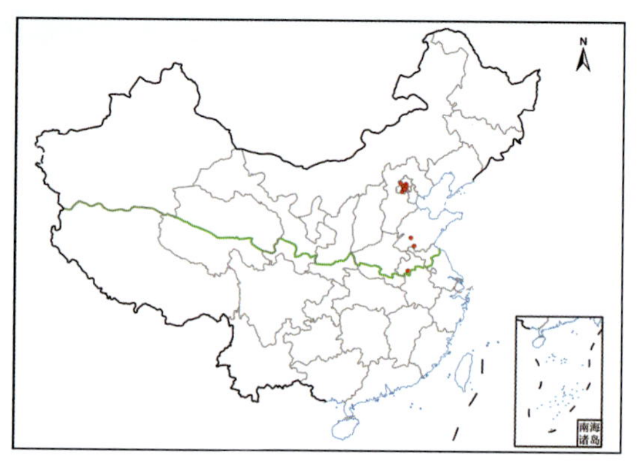

长叶水苋菜

Ammannia coccinea **Rottb.**

1. 一年生草本，茎直立，分枝多且较长；2. 叶对生，无柄，狭披针形，基部明显扩大，呈戟状耳形，半抱茎，一条叶脉从基部直达叶尖；3. 花单生或 2~7 朵簇生于叶腋；4. 花紫色、淡紫色或粉红色，花瓣 4~5，早落；5. 蒴果球形，成熟时近 1/3 伸出萼筒之外。

（图 1~5 张淑梅 摄）

xiǎo huā shān táo cǎo

026 小花山桃草

Oenothera curtiflora W. L. Wagner & Hoch

柳叶菜科 Onagraceae 山桃草属 *Oenothera*

识别特征 一年生草本，全株密被灰白色长毛与腺毛。基生叶宽倒披针形，茎生叶菱状卵形。穗状花序，生茎枝顶端；花筒带红色，反折；花瓣白色，开放后变红色，倒卵形，长 1.5~3 mm。果纺锤形，具不明显 4 棱；种子红棕色。

与山桃草［*O. lindheimeri*（Engelm. & A. Gray）W. L. Wagner & Hoch］的区别：山桃草花瓣长 1.2~1.5 cm，花序直立；小花山桃草花瓣长 1.5~3 mm，花序常下垂。

物候期 花期 7—8 月，果期 8—9 月。

生　境 湿地、农田、城镇。

原产地 北美洲。

进入时间 1930 年。

进入地点 山东烟台。

进入途径 有意引入，作为观赏植物。

危害方式 杂草，破坏本土物种多样性。

北方分布记录及国内其他分布 **辽宁：**大连（长海、甘井子、金州、旅顺口）、沈阳（浑南）；**山东：**滨州（邹平）、德州（平原、武城）、东营（东营、河口）、菏泽（定陶、东明、牡丹、单县）、济南（长清、槐荫、济阳、莱芜、历城、历下、平阴、市中、天桥、章丘）、济宁（曲阜、任城、泗水、微山、兖州、邹城）、聊城（东昌府）、青岛（黄岛、即墨、

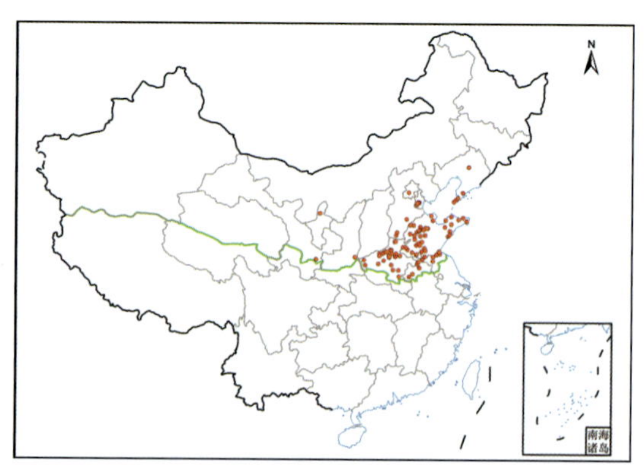

崂山、平度、市南）、泰安（东平、泰山）、威海（环翠、荣成）、烟台（蓬莱、莱阳、龙口、牟平）、枣庄（山亭、市中）、淄博（张店、周村）；**江苏：**连云港（东海、海州、连云）、宿迁（宿城）、徐州（丰县、贾汪、泉山、铜山、新沂）；**河北：**邯郸（磁县、丛台）、衡水；**天津：**河北、河东、和平、河西、红桥、静海、南开、西青；**北京：**海淀；**安徽：**亳州（利辛）、阜阳（颍州）、淮北（烈山、相山）、宿州（萧县、埇桥）；**河南：**安阳（龙安、文峰、殷都）、衡水（桃城）、济源、焦作（博爱、马村、沁阳、山阳、修武）、开封（兰考、龙亭、顺河、禹王台）、漯河、洛阳（孟津、汝阳）、三门峡（灵宝、卢氏）、新乡（封丘、凤泉、辉县、牧野、原阳）、许昌、郑州（登封、二七、惠济、金水）、周口（商水）、驻马店（平舆）；**陕西：**渭南（潼关）；**甘肃：**天水（麦积）；**宁夏：**银川（贺兰）。

华东（苏南、皖南、赣、浙、闽、沪）、华中（鄂）、西南（陕南）。

全球分布　亚洲、大洋洲、欧洲、北美洲和南美洲。

026 小花山桃草

小花山桃草

***Oenothera curtiflora* W. L. Wagner & Hoch**

1. 一年生草本，生于农田、荒地、沟边；2. 茎生叶菱状卵形；3、4. 穗状花序，生茎枝顶端；5、6. 花筒带红色，反折，花瓣白色，开放后变红色，倒卵形。

（图 1~3、5 郝强；图 4、6 周达康 摄）

huáng huā yuè jiàn cǎo

027 黄花月见草 | 红萼月见草、月见草

Oenothera glazioviana Micheli

柳叶菜科 Onagraceae 月见草属 *Oenothera*

识别特征 二年生至多年生直立草本。基生叶莲座状；茎生叶螺旋式互生，椭圆形至倒披针形。穗状花序生于枝顶；花瓣黄色，长 4~5 cm，先端微凹；花柱伸出花筒部分长 2~3.5 cm。蒴果锥状圆柱形，具棱；种子暗褐色，具棱角和不整齐洼点。

月见草属观赏性园艺品种极多，遗传背景复杂，常难以区分。近年来该属植物大量进入我国，常见的还有粉花月见草（*O. rosea* L'Hér. ex Aiton）、月见草（*O. biennis* L.）、海滨月见草（*O. drummondii* Hooker）等；因其在各地公园绿地和园林绿化中应用范围很大，须重视栽培管理，防止逸生泛滥。

物候期 花期 6—10 月，果期 7—11 月。

生境 湿地、荒坡、山地、路旁。

原产地 欧洲。

进入时间 1910 年。

进入地点 河南信阳。

进入途径 有意引入，作为观赏植物。

危害方式 有化感作用，破坏本土物种多样性。

北方分布记录及国内其他分布 **黑龙江：**哈尔滨（松北）、伊春（铁力）；**吉林：**白山（抚松）、吉林（桦甸、磐石）；**辽宁：**大连（甘井子、旅顺口）、丹东（东港）、沈阳；**内蒙古：**赤峰（红山）；**山东：**济南（历城）、济宁（泗水）、青岛（崂

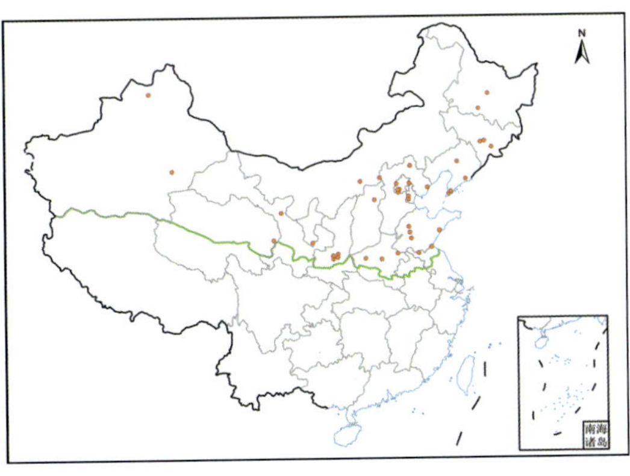

山）、泰安（泰山）；**江苏：**连云港（连云）、徐州（邳州）；**河北：**承德（围场、兴隆）、秦皇岛、石家庄（正定）、张家口（尚义）；**天津：**和平、河西；**北京：**房山、海淀、门头沟、延庆；**河南：**洛阳（嵩县）、商丘、许昌；**山西：**忻州（繁峙）；**陕西：**西安（灞桥、高陵、鄠邑、未央）；**甘肃：**武威（凉州）；**宁夏：**固原（泾源）；**青海：**黄南（同仁）；**新疆：**塔城（裕民）、吐鲁番（鄯善）。

华东（苏南、皖南、赣、浙、闽、沪、台）、华中（豫南、鄂、湘、贵）、华南（粤、桂）、西南（陕南、川、渝、滇）。

全球分布 亚洲、大洋洲、欧洲、北美洲和南美洲。

黄花月见草

Oenothera glazioviana **Micheli.**

1. 二年生至多年生直立草本，生于荒地、山坡、路旁；2. 茎生叶螺旋式互生，椭圆形至倒披针形，穗状花序不分枝；3. 花瓣黄色，长 4~5 cm，先端微凹；4. 花柱伸出花筒部分长 2~3.5 cm。

（图 1~4 郝强 摄）

yě xī guā miáo

028 野西瓜苗 | 火炮草、黑芝麻、小秋葵、灯笼花

***Hibiscus trionum* L.**

锦葵科 Malvaceae　木槿属 *Hibiscus*

识别特征　一年生草本，常平卧，稀直立。茎柔软，被白色星状粗毛。茎下部叶圆形，不裂，上部叶掌状 3~5 深裂，中裂片较长。花单生叶腋；花萼钟形，淡绿色，具紫色纵条纹；花冠白色至淡黄色，内面基部紫色，花瓣 5。蒴果长圆状球形，被硬毛；种子肾形，黑色，具腺状突起。

物候期　花期 7—10 月。

生　境　草地、湿地、农田、城镇。

原产地　非洲。

进入时间　1910 年。

进入地点　河南焦作。

进入途径　无意引入。

危害方式　农田、果园杂草。

北方分布记录及国内其他分布　**黑龙江：**大庆（大同、红岗、龙凤、肇源）、大兴安岭、哈尔滨（道里、南岗、五常、香坊）、黑河（爱辉）、佳木斯（郊区、汤原、同江、向阳）、牡丹江（东安、东宁、西安）、齐齐哈尔（昂昂溪、甘南、龙沙、讷河、泰来）、七台河（勃利）、绥化（安达、兰西）、伊春（南岔）；**吉林：**白城（大安、通榆、洮南）、白山（浑江）、长春（公主岭、宽城、农安）、吉林（丰满、舒兰）、辽源（东丰）、四平（铁东）、松原（长岭）、通化（集安、通化）、延边（安图、敦化、龙井、延吉）；**辽宁：**鞍山（千山、岫岩）、本溪（桓仁）、朝阳（喀喇沁左、凌源、建平）、大

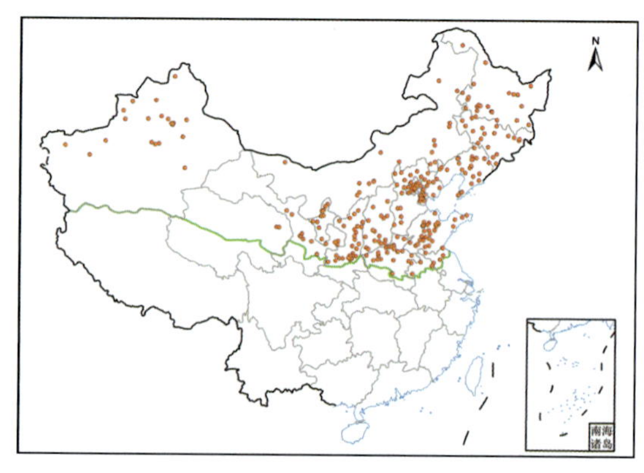

连（甘井子、金州、旅顺口、庄河）、丹东（东港、凤城）、抚顺（顺城、新宾）、阜新（阜新、细河）、锦州（北镇）、辽阳（宏伟、辽阳）、盘锦（大洼）、沈阳（沈北、沈河、于洪）、铁岭（昌图）、营口（老边）；**内蒙古：**阿拉善（额济纳）、包头（九原）、赤峰（巴林右、巴林左、喀喇沁、翁牛特、元宝山）、鄂尔多斯（东胜、伊金霍洛）、呼和浩特（赛罕、土默特左、玉泉）、呼伦贝尔（阿荣、新巴尔虎右、牙克石）、锡林郭勒（苏尼特左、正镶白）、兴安（科右中、突泉）；**山东：**滨州（邹平）、东营（河口）、菏泽（成武、牡丹）、济南（槐荫、济阳、莱芜、历城、市中、天桥、章丘）、济宁（金乡、曲阜、任城、泗水、微山、邹城）、临沂（费县、平邑）、青岛（即墨）、潍坊（昌乐、临朐、青州、寿光）、威海（环翠）、泰安（宁阳、泰山、新泰）、烟台（莱阳、牟平）、枣庄（市中）、淄博（沂源）；**江苏：**连云港（灌南、连云）、宿迁（泗洪、泗阳）、徐州（贾汪）；**河北：**保定（涞源、莲池、易县）、承德（承德、丰宁、兴隆）、邯郸（涉县、永年）、廊坊（三河）、秦皇岛（抚宁、青龙）、石家庄（井陉、新华）、唐山（迁西、曹妃甸、玉田、遵化）、邢台（内丘）、张家口（赤城、尚义、下花园、阳原、蔚县、张北）；**天津：**宝坻、北辰、滨海、东丽、河北、河东、和平、河西、红桥、蓟州、津南、静海、南开、宁河、武清、西青；**北京：**昌平、朝阳、大兴、房山、丰台、海淀、怀柔、门头沟、密云、平谷、顺义、西城、延庆；**安徽：**亳州（谯城）、阜阳（颍州）、淮北（烈山）、宿州（泗县）；**河南：**安阳（文峰）、焦作（博爱、山阳、修武）、开封（符祥、兰考、龙亭）、洛阳（栾川、汝阳、嵩县、宜阳）、濮阳（清丰）、三门峡（灵宝、义马）、商丘（虞城）、新乡（凤泉、获嘉、牧野、原阳）、许昌、郑州（巩义）、驻马店（泌阳）、周口（鹿邑）；**山西：**晋城（高平、沁水、阳城、泽州）、晋中（寿阳、榆次）、临汾（安泽、霍州、吉县、隰县、翼城）、吕梁（离石）、太原（尖草坪）、忻州（繁峙、岢岚）、运城（临猗、盐湖）；**陕西：**宝鸡（凤县、凤翔、眉县、太白）、铜川（宜君）、渭南（白水、富平、临渭）、西安（灞桥、长安、高陵、未央）、咸阳（泾阳、秦都、杨陵）、延安（安塞、宝塔、富县、甘泉、黄龙、吴起、子长）、榆林（定边、横山、靖边、清涧、绥德、榆阳）；**甘肃：**白银（会宁）、金昌（永昌）、兰州（安宁、城关、皋兰、榆中）、平凉（崆峒）、庆阳（合水、宁县、西峰）、天水、武威（凉州）；**宁夏：**固原（原州）、石嘴山（惠农、平罗）、吴忠（青铜峡、同心）、银川（贺兰、金凤、灵武、西夏、兴庆）、中卫（沙坡头、中宁）；**青海：**西宁（城东、城西）；**新疆：**阿勒泰（哈巴河）、巴音郭楞（库尔勒、焉耆）、博尔塔拉（博乐）、昌吉（呼图壁、吉木萨尔）、喀什（疏勒）、克拉玛依、石河子、铁门关、吐鲁番（高昌、鄯善）、图木舒克、乌鲁木齐（米东、水磨沟、天山、头屯河、新市）、伊犁（霍城、尼勒克、特克斯、伊宁）。

华东（苏南、皖南、赣、浙、闽、沪、台）、华中（豫南、鄂、湘、贵）、华南（粤、桂、琼）、西南（陕南、川、渝、滇、藏、青南、甘南）。

全球分布 亚洲、欧洲、非洲、北美洲和南美洲。

野西瓜苗

***Hibiscus trionum* L.**

1. 一年生草本，生于平原、山野、丘陵或田埂；2. 茎柔软，茎上部叶掌状 3~5 深裂，中裂片较长；3. 花单生叶腋；花萼钟形，淡绿色，具紫色纵条纹；4. 花冠白色至淡黄色，内面基部紫色，花瓣 5。

（图 1 权键；图 2~4 李飞飞 摄）

qǐng má

029 苘麻 | 苘、车轮草、磨盘草、桐麻、白麻、青麻、塘麻

Abutilon theophrasti Medik.

锦葵科 Malvaceae 苘麻属 *Abutilon*

识别特征 一年生亚灌木状直立草本，茎枝被柔毛。叶互生，圆心形，具细圆锯齿，两面密被星状柔毛；托叶披针形，早落。花单生叶腋；花梗被柔毛，近顶端具节；花萼杯状，密被绒毛，裂片5；花冠黄色，花瓣5，倒卵形；雄蕊柱无毛。分果半球形，被粗毛；种子肾形，黑褐色。

物候期 花果期6—11月。

生境 草地、湿地、农田、城镇。

原产地 印度。

进入时间 1905年。

进入地点 湖南长沙。

进入途径 有意引入，作为麻类织物原料。

危害方式 农田、果园杂草。

北方分布记录及国内其他分布 **黑龙江：**大庆、哈尔滨（道外、香坊、松北）、鸡西（虎林、密山）、牡丹江（东宁）、齐齐哈尔（讷河）、七台河（茄子河、新兴）、伊春（南岔、伊美）；**吉林：**白城（镇赉）、白山（浑江、临江）、长春（公主岭、南关）、吉林（丰满、磐石）、辽源（东丰）、松原（前郭尔罗斯）、通化（集安）、延边（安图、敦化）；**辽宁：**本溪（桓仁、平山）、朝阳（建平）、大连（甘井子、金州）、丹东（东港）、抚顺（顺城）、锦州（北镇）、盘锦（大洼）、沈阳（大东、铁西、于洪）、铁岭（昌

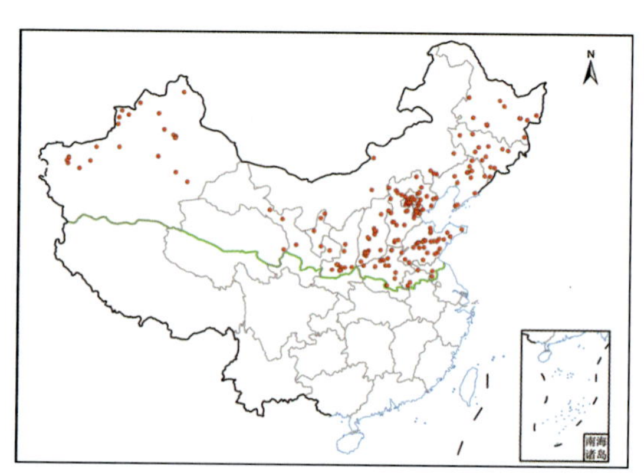

图、铁岭）；**内蒙古：** 赤峰（红山、元宝山）、呼和浩特（赛罕）、通辽（科尔沁）、锡林郭勒（二连浩特）；**山东：** 滨州（邹平）、东营（东营、河口、垦利）、菏泽（成武、牡丹）、济南（长清、槐荫、历城、历下、莱芜、平阴、市中、章丘）、临沂（蒙阴）、青岛（平度）、日照（东港、莒县）、泰安（泰山）、潍坊（昌乐、昌邑、坊子、青州、诸城）、威海、烟台（莱阳、招远）、枣庄（山亭）、淄博（周村）；**江苏：** 宿迁（泗洪、宿城）；**河北：** 保定（安新、阜平、雄县）、沧州、承德（承德、围场、兴隆、鹰手营子）、邯郸（邯山、曲周、永年）、衡水、秦皇岛（抚宁、海港）、石家庄（鹿泉、新华、赵县）、唐山（迁西、曹妃甸、玉田）、张家口（怀来、桥东、桥西、尚义、宣化、阳原）；**天津：** 宝坻、北辰、滨海、东丽、河北、河东、和平、河西、红桥、蓟州、津南、静海、南开、宁河、武清、西青；**北京：** 昌平、朝阳、大兴、东城、房山、丰台、海淀、怀柔、门头沟、密云、平谷、石景山、顺义、通州、西城、延庆；**安徽：** 阜阳（阜南、颍东）、淮北（相山）；**河南：** 安阳（北关、龙安、文峰）、焦作（博爱、山阳、修武）、洛阳（洛龙、瀍河）、濮阳（范县）、三门峡、新乡（凤泉）、郑州（中牟、中原）、周口（商水、太康）、驻马店（泌阳）；**山西：** 长治（壶关）、大同（灵丘）、晋中（介休、太谷、榆次）、临汾（浮山、洪洞、侯马、曲沃、襄汾、尧都、翼城）、吕梁（孝义）、太原（尖草坪、小店）、忻州（繁峙）、运城（绛县、盐湖）；**陕西：** 渭南（富平、临渭、潼关）、西安（灞桥、高陵、未央、雁塔）、咸阳（淳化、杨陵）、延安（宝塔、富县）；**甘肃：** 金昌（永昌）、兰州（城关）、庆阳（西峰）、张掖（甘州）；**宁夏：** 固原、石嘴山（平罗）、银川（西夏）、中卫（沙坡头）；**青海：** 海东（循化）；**新疆：** 阿克苏（拜城、乌什）、阿勒泰、博尔塔拉（博乐、温泉）、昌吉（昌吉、玛纳斯）、喀什（巴楚、喀什、麦盖提、疏勒、英吉沙）、克拉玛依（克拉玛依）、克孜勒苏（阿克陶）、石河子、塔城（裕民）、铁门关、吐鲁番（鄯善、托克逊）、乌鲁木齐（米东、水磨沟、天山）、伊犁（察布查尔、霍城）。

华东（苏南、皖南、赣、浙、闽、沪、台）、华中（豫南、鄂、湘、贵）、华南（粤、桂、琼、港）、西南（陕南、川、渝、滇、藏、青南、甘南）。

全球分布 亚洲、大洋洲、欧洲、非洲、北美洲和南美洲。

苘麻

***Abutilon theophrasti* Medik.**

1. 一年生亚灌木状直立草本，生于路旁、荒地和田间；2. 叶互生，圆心形，先端长渐尖，基部心形，具细圆锯齿，两面密被星状柔毛；3. 茎枝被柔毛，花单生叶腋，花冠黄色，花瓣 5；4. 分果半球形，被粗毛。

（图 1~4 周达康 摄）

dòu bàn cài

030 豆瓣菜 | 西洋菜、水田芥、水藻菜、水生菜

Nasturtium officinale W. T. Aiton

十字花科 Brassicaceae 豆瓣菜属 *Nasturtium*

识别特征 多年生水生草本。茎匍匐，多分枝，节上生不定根。奇数羽状复叶，叶柄基部耳状，稍抱茎。总状花序顶生，花瓣白色。长角果圆柱形而扁；种子每室 2 行，红褐色，具网纹。

物候期 花期 4—9 月，果期 5—9 月。
生　境 湿地、农田、城镇。
原产地 亚洲西南部和欧洲。
进入时间 1805 年。
进入地点 广东顺德。
进入途径 有意引入，当作食用蔬菜。
危害方式 具化感作用，侵占水体。

北方分布记录及国内其他分布 **黑龙江：**哈尔滨（道里）；**山东：**济南（历下）；**河北：**保定（阜平、涞源、易县）、承德（兴隆）、邯郸（磁县、峰峰）、衡水（桃城）、石家庄（灵寿）、邢台（信都）、张家口（蔚县、涿鹿）；**天津：**蓟州、武清；**北京：**昌平、房山、丰台、海淀、怀柔、门头沟、顺义；**河南：**安阳（林州）、洛阳（洛宁）、平顶山（汝州）、三门峡（卢氏、陕州）、新乡（辉县）；**山西：**晋城（沁水）、太原（晋源）、忻州

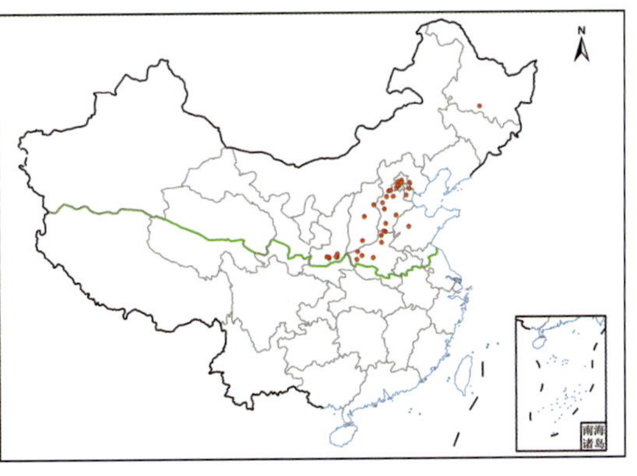

（五台）；**陕西：**宝鸡（眉县）、西安（灞桥、高陵、未央、周至）、咸阳（武功）。

华东（苏南、皖南、赣、沪、台）、华中（豫南、鄂、湘、贵）、华南（粤、桂、琼、港、澳）、西南（陕南、川、渝、滇、藏）。

全球分布 亚洲、大洋洲、欧洲、非洲、北美洲和南美洲。

豆瓣菜

***Nasturtium officinale* W. T. Aiton**

1. 多年生水生草本，生于沟渠、池塘、溪流、山涧河边、沼泽地；2. 茎匍匐，多分枝，顶端直立；3. 奇数羽状复叶，叶柄基部耳状，稍抱茎；4. 节上生不定根；5. 总状花序顶生，花瓣 4 枚，白色。

（图 1~5 周达康 摄）

lǜ dú xíng cài

031 绿独行菜 | 荒野独行菜

Lepidium campestre（L.）W. T. Aiton

十字花科 Brassicaceae 独行菜属 *Lepidium*

识别特征 一、二年生草本。茎直立，单一或上部分枝。基生叶莲座状，长椭圆形，全缘或大头羽裂；茎生叶长圆形或三角状长圆形，基部箭形，抱茎。花瓣白色，匙状。短角果长椭圆形，上部具翅，顶端微缺；种子深褐色。

物候期 花果期 5—6 月。

生　境 草地、湿地、农田、城镇。

原产地 欧洲和亚洲西部的高加索地区。

进入时间 1925 年。

进入地点 辽宁大连。

进入途径 无意引入。

危害方式 农田、果园、绿地杂草。

北方分布记录及国内其他分布 **辽宁**：大连（甘井子、旅顺口、中山）、锦州（北镇）；**山东**：济南、青岛（崂山、市南）、威海（环翠）、烟台（芝罘）；**河北**：唐山（曹妃甸）；**甘肃**：酒泉（阿克塞）；**新疆**：乌鲁木齐。

全球分布 亚洲、大洋洲、欧洲、非洲、北美洲。

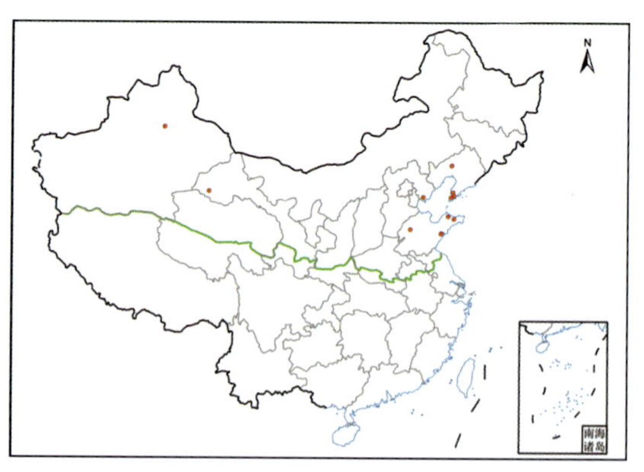

绿独行菜

***Lepidium campestre*（L.）W. T. Aiton**

1. 一、二年生草本，生于山坡、路旁、荒地；2. 茎直立，直根系，具白色主根；3. 基生叶莲座状，长椭圆形，全缘或大头羽裂；4. 茎生叶长圆形或三角状长圆形，基部箭形，抱茎；5. 头状花序着生于枝顶，花瓣白色，匙状。

（图 1~5 张淑梅 摄）

mì huā dú xíng cài

032 密花独行菜

Lepidium densiflorum Schrad.

十字花科 Brassicaceae 独行菜属 *Lepidium*

识别特征 一年生草本。叶背面具柱状短柔毛，上面无毛。总状花序，花多数，密生，果期伸长；萼片卵形；花瓣无或退化成丝状；花柱极短。短角果圆状倒卵形，顶端圆钝，微缺，有翅，无毛；种子卵形，黄褐色，边缘有不明显或极狭的透明白边。

物候期 花期5—6月，果期6—7月。

生境 草地、湿地、农田、城镇。

原产地 北美洲。

进入时间 1931年。

进入地点 辽宁大连。

进入途径 无意引入。

危害方式 农田、果园、绿地杂草。

北方分布记录及国内其他分布 **黑龙江：**哈尔滨（道里、南岗、香坊）、黑河（北安、五大连池）、鸡西（虎林、鸡冠、密山）、牡丹江（宁安、绥芬河）、绥化（兰西、青冈、肇东）、伊春、佳木斯（前进、同江）、七台河（桃山、新兴）；**吉林：**白城（洮北、镇赉）、白山（长白）、长春（南关）、吉林（船营、磐石）、延边（安图、敦化、珲春、汪清）；**辽宁：**鞍山、本溪（本溪、桓仁）、大连（长海、甘井子、旅顺口、沙河口、瓦房店、庄河）、丹东（东港、凤城）、抚顺（清原）、葫芦岛（绥中）、辽阳（灯塔）、

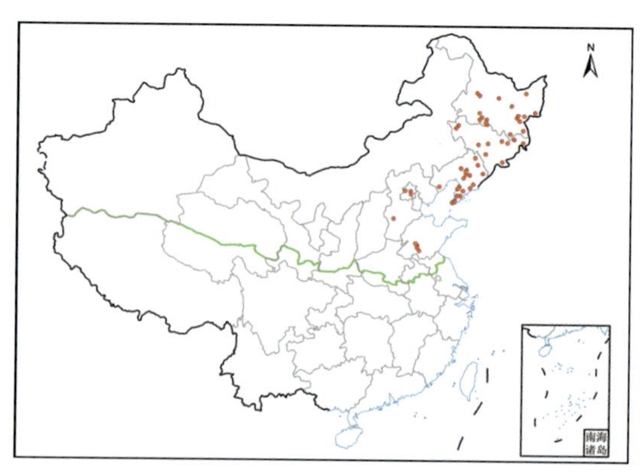

沈阳（沈河、苏家屯、新民）、铁岭（西丰）、营口（鲅鱼圈、盖州、西市）；**山东：**济宁（曲阜、邹城）、泰安（宁阳）、枣庄（滕州）；**河北：**石家庄；**北京：**怀柔、顺义、延庆。

华中（贵）。

全球分布 亚洲、欧洲、北美洲和南美洲。

密花独行菜

***Lepidium densiflorum* Schrad.**

1. 一年生草本，生于海滨、沙地、农田、路边；2. 叶背面具柱状短柔毛，上面无毛。3. 总状花序，花多数，密生，果期伸长，萼片卵形，花瓣无或退化成丝状，花柱极短。4. 短角果圆状倒卵形，顶端圆钝，微缺，有翅，无毛。

（图 1~4 周达康 摄）

chòu jì

033 臭荠 | 芸芥、臭芸芥、臭独行菜

Lepidium didymum L.

十字花科 Brassicaceae 独行菜属 *Lepidium*

识别特征 一、二年生匍匐草本，有臭味。主茎短，基部多分枝。叶为一回或二回羽状分裂，裂片 3~7 对。总状花序腋生，花瓣白色。短角果肾形，侧扁，顶端下凹；种子肾形，红棕色。

物候期 花果期 4—5 月。

生境 草地、湿地、农田、城镇。

原产地 南美洲。

进入时间 1905 年。

进入地点 中国香港。

进入途径 无意引入。

危害方式 农田、果园、绿地杂草。

北方分布记录及国内其他分布 **辽宁：**大连（甘井子）；**山东：**菏泽（牡丹）、济南（市中）、济宁（金乡、任城）、青岛（崂山、市南）、泰安、威海（环翠）；**江苏：**连云港（海州）、徐州（邳州、泉山）；**河北：**邯郸（丛台）、石家庄（长安）、唐山（曹妃甸）；**北京：**怀柔；**安徽：**亳州（涡阳）、阜阳（颍东、颍州）、淮北（烈山、相山）；**河南：**安阳（北关、林州、文峰、殷都）、焦作（博爱、山阳）、新乡（封丘、红旗）、周口（商水）；**山西：**吕梁（离石）。

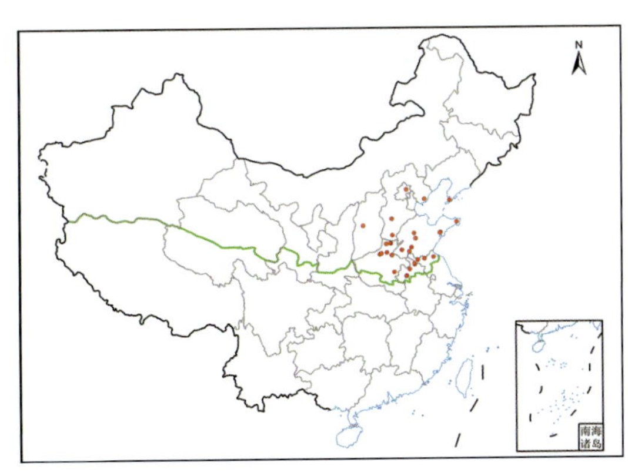

华东（苏南、皖南、赣、浙、闽、沪、台）、华中（豫南、鄂、湘、贵）、华南（粤、桂、港、澳）、西南（川、渝、滇、藏、甘南）。

全球分布 亚洲、大洋洲、欧洲、非洲、北美洲和南美洲。

臭荠

***Lepidium didymum* L.**

1. 一、二年生匍匐草本，生于农田、公园草坪、路旁或荒地；2. 主茎短，基部多分枝，叶为一回或二回羽状分裂，裂片 3~7 对；3. 总状花序腋生，花瓣白色；4. 短角果肾形，侧扁，顶端下凹。

（图 1~3 周立新；图 4 朱鑫鑫 摄）

bĕi mĕi dú xíng cài

034 北美独行菜 | 独行菜、星星菜、辣椒菜

Lepidium virginicum L.

十字花科 Brassicaceae 独行菜属 *Lepidium*

识别特征 一、二年生草本。茎单一，直立。叶倒披针形或线形。总状花序顶生；花瓣白色，倒卵形，比萼片稍长；雄蕊2或4。短角果近圆形，顶端微缺，有窄翅；种子卵圆形。

物候期 花期4—6月，果期5—9月。

生境 草地、湿地、农田、城镇。

原产地 北美洲。

进入时间 1910年。

进入地点 上海。

进入途径 无意引入。

危害方式 农田、果园、绿地杂草。

北方分布记录及国内其他分布 **黑龙江：**哈尔滨（道里）；**吉林：**白山（抚松）、吉林（丰满、磐石）、通化；**辽宁：**大连（甘井子、旅顺口）；**内蒙古：**呼伦贝尔（新巴尔虎右）、锡林郭勒（苏尼特左、锡林浩特）；**山东：**东营（广饶、河口）、济宁（微山、邹城）、聊城（东昌府、阳谷）、临沂（费县、莒南、蒙阴、平邑、沂水）、青岛（崂山、市南）、日照（岚山）、泰安（泰山）、威海（环翠）、烟台（牟平、栖霞、芝罘）、枣庄（山亭）；**江苏：**连云港（赣榆、海州、连云）、宿迁；**河北：**邯郸；**北京：**海淀；**安徽：**阜阳（颍东）、淮北（烈山）；**河南：**安阳（林州）、济源、漯河（舞阳）、

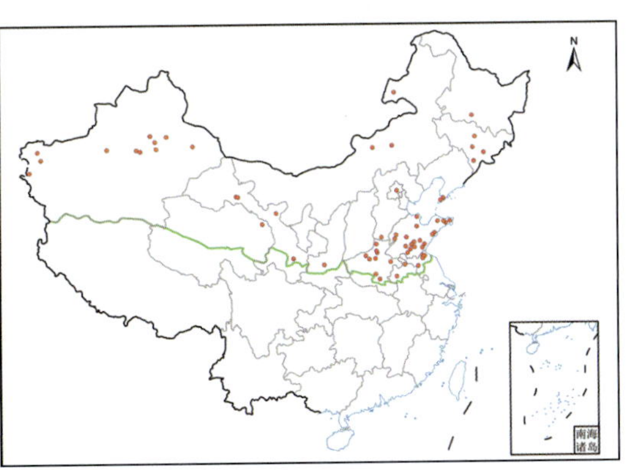

商丘（宁陵）、新乡（红旗、辉县）、郑州（巩义、金水）、驻马店；**陕西：**咸阳（武功）；**甘肃：**嘉峪关、酒泉、天水（甘谷）、武威（民勤）；**青海：**海北（门源）；**新疆：**阿克苏（库车）、巴音郭楞（和静、和硕）、昌吉（奇台）、哈密（巴里坤）、喀什（塔什库尔干）、克孜勒苏（乌恰、阿克陶）、吐鲁番（托克逊）、乌鲁木齐（达坂城、沙依巴克）。

华东（苏南、皖南、赣、浙、闽、沪、台）、华中（豫南、鄂、湘）、华南（粤、港、澳）、西南（川、渝、滇、藏、甘南）。

全球分布 亚洲、大洋洲、欧洲、非洲、北美洲和南美洲。

北美独行菜

***Lepidium virginicum* L.**

1. 一、二年生草本，茎直立，生于路边、荒地、山坡、草丛、园林绿地；2. 叶倒披针形或线形，叶形变异较大；3. 总状花序顶生；4. 花瓣白色，倒卵形，比萼片稍长，雄蕊 2 或 4；5. 短角果近圆形，顶端微缺，有窄翅。

（图 1~5 朱鑫鑫 摄）

yě luó bo

035 野萝卜

Raphanus raphanistrum L.

十字花科 Brassicaceae 萝卜属 *Raphanus*

识别特征 一年生草本。直根细弱，非肉质肥大状。茎直立或俯卧，具糙毛。下部叶片长圆形，大头羽状浅裂或深裂，顶端裂片大；上部叶几无柄，常不分裂。总状花序顶生，花瓣黄色、乳白色或紫色。长角果，种子间缢缩，顶端具一细长的喙；果瓣坚实，成熟时节节断裂。

物 候 期 花期 5—9 月，果期 6—10 月。

生　　境 湿地、农田、城镇。

原 产 地 欧洲、西亚和北非。

进入时间 1959 年。

进入地点 四川。

进入途径 无意引入。

危害方式 农田、果园杂草。

北方分布记录及国内其他分布 **辽宁：**朝阳、大连（金州）；**河北：**唐山（曹妃甸）；**山西：**运城。

华东（苏南、浙、台）、华南（粤）、西南（川、青南、甘南）。

全球分布 亚洲、大洋洲、欧洲、非洲、北美洲和南美洲。

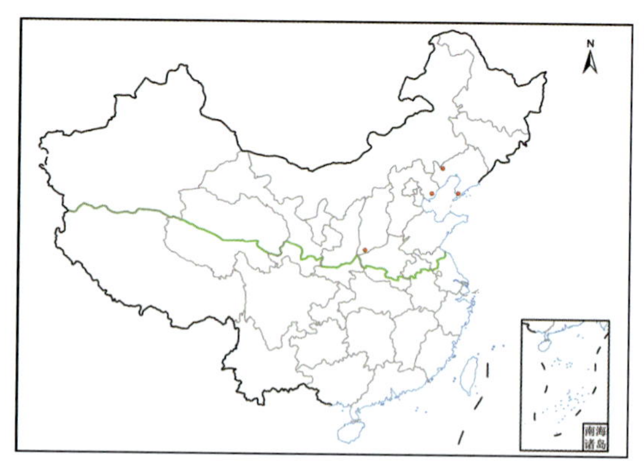

野萝卜

Raphanus raphanistrum **L.**

1. 一年生草本，生于路边、农田、荒地、果园；2. 直根细弱，非肉质肥大状，茎直立或俯卧，具糙毛；3. 下部叶片长圆形，大头羽状浅裂或深裂，顶端裂片大；4. 总状花序顶生；5. 花瓣黄色、乳白色或紫色；6. 长角果，种子间缢缩，顶端具一细长的喙。

（图 1~6 张淑梅 摄）

wú bàn fán lǚ

036 无瓣繁缕 | 小繁缕

Stellaria apetala Ucria

石竹科 Caryophyllaceae 繁缕属 *Stellaria*

识别特征 一、二年生草本。茎通常铺散，中下部有1列长柔毛。叶小，叶片近卵形，两面无毛。二歧聚伞状花序，花梗细长，花瓣无或小，近于退化，花柱极短。种子小，淡红褐色。

物候期 花果期5—9月。

生境 草地、湿地、农田、城镇。

原产地 欧洲。

进入时间 1949年。

进入地点 上海。

进入途径 无意引入。

危害方式 农田、果园、绿地杂草，本种可随花卉、苗木及土壤传播。

北方分布记录及国内其他分布 **内蒙古：** 鄂尔多斯（东胜）、呼和浩特（和林格尔）；**山东：** 东营（垦利）、菏泽（牡丹）、济南（长清、市中）、济宁（曲阜、微山）、青岛（崂山、市南）、泰安（泰山）；**江苏：** 连云港（海州）、宿迁（泗洪）、徐州（新沂）；**河北：** 承德（兴隆）、邯郸（丛台、邯山）、唐山（乐亭、滦州、迁西、曹妃甸）、张家口（宣化、阳原）；**北京：**（昌平、朝阳、海淀、怀柔、门头沟、石景山、延庆）；**河南：** 安阳（北关）、焦作（博爱、解放）、开封（顺河）、新乡（辉县）、郑州（巩义）、周口（商水、西华）、驻马店（确山）；**安徽：** 亳州（涡阳）、淮北（烈山）；**山西：**

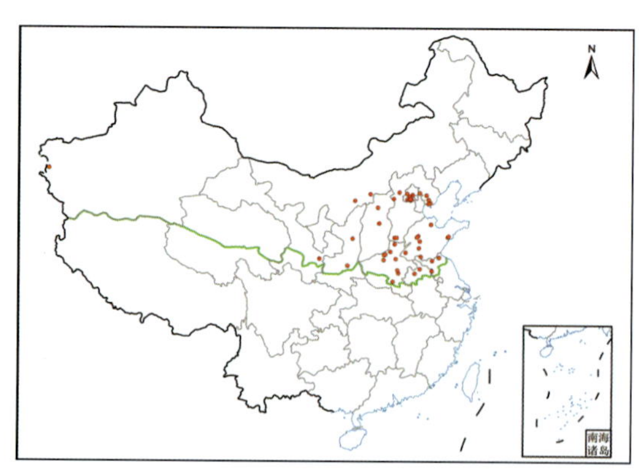

朔州（朔城）、太原（尖草坪）；**陕西：** 延安（宝塔）、西安（雁塔）；**甘肃：** 天水（清水）；**新疆：** 喀什（塔什库尔干）。

华东（苏南、皖南、赣、浙、沪）、华中（豫南、鄂、湘）、华南（粤）、西南（川、渝、滇）。

全球分布 亚洲、大洋洲、欧洲、非洲、北美洲和南美洲。

无瓣繁缕

***Stellaria apetala* Ucria**

1. 一、二年生草本，生于路边、草丛、河岸、荒地、菜园、绿地；2. 叶小，叶片近卵形，两面无毛；3. 叶对生；4. 二歧聚伞状花序，花梗细长；5. 花瓣无或小，近于退化；6. 花柱极短。

（图 1~6 周达康 摄）

qiú xù juǎn ěr

037 球序卷耳 | 圆序卷耳、粘毛卷耳、婆婆指甲菜

Cerastium glomeratum **Thuill.**

石竹科 Caryophyllaceae 卷耳属 *Cerastium*

识别特征 一年生草本。茎密被长柔毛，上部兼有腺毛。下部叶匙形，上部叶倒卵状椭圆形，两面被长柔毛，具缘毛。聚伞花序密集成头状，花序梗密被腺柔毛；苞片卵状椭圆形，密被柔毛；萼片5，披针形，密被长腺毛；花瓣5，白色，长圆形，先端2裂；花柱5。蒴果长圆筒形；种子褐色，扁三角形。

物候期 花果期5—6月。

生境 森林、灌丛、草地、湿地、农田、城镇。

原产地 非洲北部及欧洲与亚洲中部的温带地区。

进入时间 1908年。

进入地点 江苏南京。

进入途径 无意引入。

危害方式 农田、果园、绿地杂草。

北方分布记录及国内其他分布 **黑龙江：**哈尔滨（松北）；**吉林：**吉林（磐石）、延边（安图）；**辽宁：**本溪（桓仁）、铁岭（昌图）；**山东：**菏泽（曹县、定陶、牡丹）、济南（长清、莱芜、历下）、济宁（金乡、曲阜、微山、兖州）、聊城（东昌府）、青岛（崂山、市南）、日照（东港）、泰安（泰山）、潍坊（奎文、临朐）、威海（环翠）、烟台（莱山、牟平）；**江苏：**宿迁（宿城）、徐州（鼓楼）；**河北：**邯郸（丛台、武安）、唐山（迁西、曹妃甸）；**北京：**海淀、怀柔；**安徽：**亳州（涡阳）、淮北（烈山）；**河南：**安阳

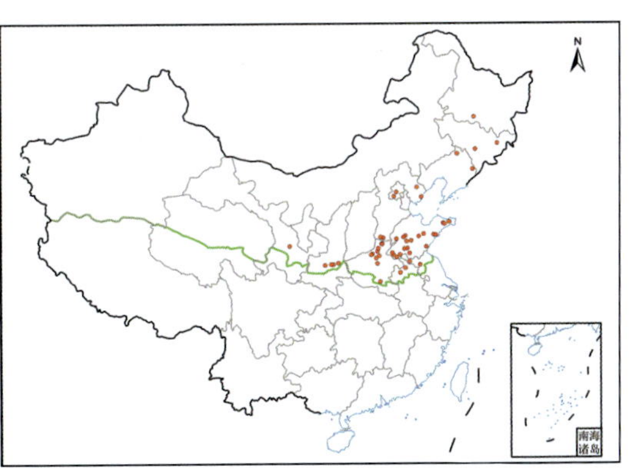

（北关、文峰、殷都）、焦作（博爱、解放、山阳）、新乡（辉县、原阳）、郑州（惠济、新郑）、驻马店（确山）；**陕西：**渭南（临渭）、咸阳（秦都、渭城、杨陵）；**甘肃：**兰州（榆中）。

华东（苏南、皖南、赣、浙、闽、沪、台）、华中（豫南、鄂、湘、贵）、华南（粤、桂）、西南（陕南、川、渝、滇、藏、甘南）。

全球分布 亚洲、大洋洲、欧洲、非洲、北美洲和南美洲。

球序卷耳

***Cerastium glomeratum* Thuill.**

1. 一年生草本，生于路边、荒地、田间、河岸、山坡、林缘；2. 下部叶匙形，上部叶倒卵状椭圆形，两面被长柔毛，具缘毛；3. 聚伞花序密集成头状；4. 花序梗密被腺柔毛，苞片卵状椭圆形，密被柔毛，萼片披针形，密被长腺毛；5. 花瓣 5，白色，长圆形，先端 2 裂。

（图 1、2、4、5 朱鑫鑫；图 3 郝强 摄）

mài xiān wēng

038 麦仙翁 | 麦毒草

Agrostemma githago L.

石竹科 Caryophyllaceae 麦仙翁属 *Agrostemma*

识别特征 一年生草本。茎单生，直立。叶线形，基部微合生，中脉明显。花单生，花梗长；萼筒椭圆状卵形，后期微膨大，萼裂片线形；花瓣颜色有紫红色、白色、粉色、玫红色等多种。蒴果卵圆形；种子黑色，卵形。

本种园艺品种众多，花色多样，须加强栽培管理，防止逸生扩散。

物候期 花期6—8月，果期7—9月。

生境 灌丛、草地、湿地、农田、城镇。

原产地 地中海沿岸地区。

进入时间 1866年。

进入地点 吉林。

进入途径 有意引入，供栽培观赏，或随粮食贸易无意中引入。

危害方式 农田、果园、绿地杂草。

北方分布记录及国内其他分布 **黑龙江：**大兴安岭（呼玛、塔河）、哈尔滨（香坊）、黑河（北安、嫩江、逊克）、牡丹江（宁安）、双鸭山（集贤）；**吉林：**白山（抚松）、吉林（蛟河）、延边（安图、珲春、汪清）；**辽宁：**本溪（桓仁）、大连（甘井子）、锦州（北镇）、沈阳（沈北、沈河）、铁岭（银州）；**内蒙古：**赤峰（克什克腾、宁城）、呼伦贝尔（牙克石）；**山东：**济南、济宁（任城）、临沂（蒙阴）、青岛（市南）、日照（东港）、泰安（泰山）、威海（荣成）；**江苏：**宿迁（泗阳）；**河北：**邯郸（丛台、武安）、秦皇

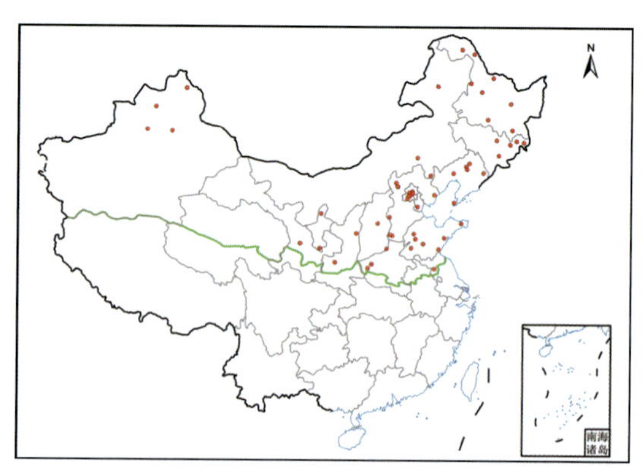

岛（抚宁）、石家庄（平山）、张家口（桥东、桥西、张北）；**天津：**滨海；**北京：**昌平、房山、海淀、怀柔、门头沟、顺义；**河南：**洛阳（栾川、嵩县）、新乡（辉县）；**山西：**太原（小店）；**陕西：**咸阳（杨陵）、延安（延川）；**甘肃：**兰州（榆中）；**宁夏：**固原（泾源）、银川（贺兰）；**新疆：**阿尔泰、克拉玛依（克拉玛依）、乌鲁木齐（沙依巴克）、伊犁（新源）。

华东（苏南）、华中（贵）。

全球分布　亚洲、大洋洲、欧洲、非洲、北美洲和南美洲。

麦仙翁

***Agrostemma githago* L.**

1. 一年生草本，生于沟谷、草地、田间、路旁；2. 茎单生，直立，叶线形，基部微合生，中脉明显；3. 花单生，花梗长，萼筒椭圆状卵形，后期微膨大，萼裂片线形；4、5. 花瓣颜色有紫红色、白色、粉色、玫红色等；6. 蒴果卵圆形，种子黑色，卵形。

（图 1 朱鑫鑫；图 2、4 周达康；图 3、5 周繇；图 6 周立新 摄）

bái xiàn

039 白苋 | 绿苋菜、细枝苋

Amaranthus albus L.

苋科 Amaranthaceae 苋属 *Amaranthus*

识别特征 一年生草本。茎基部分枝，分枝铺散，绿白色。叶倒卵形至窄匙形。花序腋生，团簇状，或成短穗状花序；苞片钻形，稍坚硬，先端具芒尖，外曲，背面具龙骨；雄花与雌花簇生，花被片3。胞果扁平，倒卵形皱缩；种子黑色。

物候期 花果期7—10月。

生　境 草地、湿地、农田、城镇。

原产地 北美洲。

进入时间 1915年。

进入地点 天津塘沽。

进入途径 无意引入。

危害方式 农田、果园、绿地杂草。

北方分布记录及国内其他分布 **黑龙江：**哈尔滨（巴彦、宾县、尚志、五常）、鸡西（恒山、鸡东）、佳木斯（汤原）、牡丹江（林口）、绥化（安达、海伦）、伊春（铁力）；**辽宁：**朝阳、大连（旅顺口）；**内蒙古：**赤峰（红山）、呼伦贝尔（新巴尔虎左）、兴安（科尔沁右翼前、乌兰浩特）；**山东：**济南（长清）、青岛（市北）、泰安（岱岳）；**河北：**衡水（桃城）、唐山（曹妃甸）；**天津：**滨海；**北京：**朝阳、海淀；**河南：**鹤壁（淇滨）、洛阳（孟津、洛龙）、三门峡（湖滨）、新乡（牧野）、郑州（登封）；**新疆：**阿勒泰（布尔津）、博尔塔拉（阿拉山口、博乐）、昌吉（呼图壁、吉木萨尔、玛纳

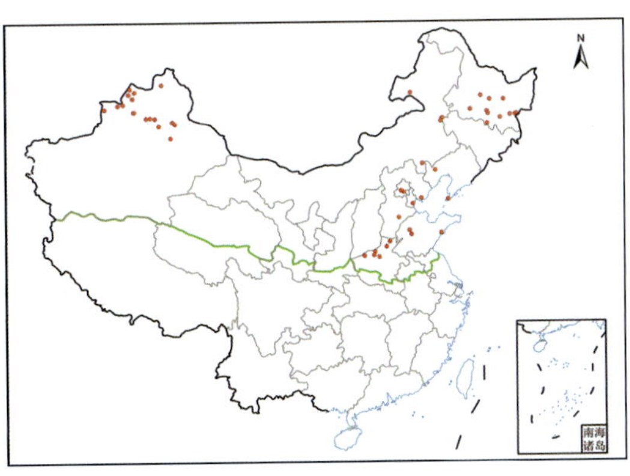

斯、奇台)、石河子、塔城(额敏、塔城、托里、乌苏、裕民)、吐鲁番(高昌)、乌鲁木齐、伊犁(霍尔果斯)。

华东(沪)、华中(豫南、鄂、湘、贵)、西南(陕南)。

全球分布 亚洲、大洋洲、欧洲、非洲、北美洲和南美洲。

白苋

***Amaranthus albus* L.**

1. 一年生草本，生于铁路和公路边、荒地、房前屋后、垃圾场和农田；2. 茎基部分枝，分枝铺散，绿白色；3. 叶倒卵形至窄匙形，花序腋生，团簇状，或成短穗状花序，苞片钻形，稍坚硬，先端具芒尖；4. 果实成熟后整株干枯，在强风下易断裂形成“风滚草”，增大种子扩散范围。

（图 1~4 郝强 摄）

bĕi mĕi xiàn

040 北美苋

Amaranthus blitoides S. Watson

苋科 Amaranthaceae 苋属 *Amaranthus*

识别特征 一年生草本。茎大部分伏卧，从基部分枝，绿白色。叶片密生，倒卵形、匙形至矩圆状倒披针形，顶端具细凸尖，边缘具白色细边，较光亮。腋生花簇，比叶柄短；苞片及小苞片披针形，具尖芒；花被片 4，有时 5，雄花和雌花混生在腋生花簇中。胞果椭圆形，环状横裂，上面带淡红色开裂果盖；种子黑色。

物候期 花果期 6—10 月。

生境 草地、湿地、农田、城镇。

原产地 美国中部和东部。

进入时间 1857 年。

进入地点 辽宁。

进入途径 夹杂在进口粮食里无意中带入或作为蔬菜有意引入。

危害方式 农田、果园、绿地杂草。

北方分布记录及国内其他分布 **黑龙江：**哈尔滨、大庆（肇源）、佳木斯、齐齐哈尔（泰来）、七台河（勃利）、绥化（安达、青冈、望奎）；**吉林：**松原（长岭）；**辽宁：**朝阳（建平）、大连（长海、甘井子、金州、中山）、阜新（阜新、彰武）、辽阳（辽阳）、沈阳（沈北、于洪）、铁岭（昌图、西丰）；**内蒙古：**赤峰（红山、喀喇沁、克什克腾、宁城）、鄂尔多斯（东胜、准格尔）、呼和浩特（赛罕）、呼伦贝尔（陈巴尔虎、鄂伦春、根

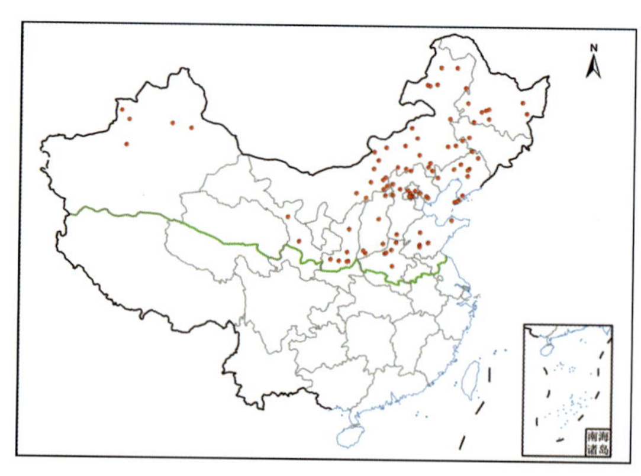

河、海拉尔、莫力达瓦、牙克石）、通辽（开鲁、科尔沁、科尔沁左翼中）、乌兰察布（察右后、察右中、丰镇、兴和）、锡林郭勒（东乌珠穆沁、多伦、二连浩特、苏尼特右、苏尼特左、西乌珠穆沁、锡林浩特、正蓝、正镶白）、兴安（科尔沁右翼前）；**山东：**济南（历城）、济宁（曲阜、邹城）、临沂（蒙阴）、烟台（烟台）；**河北：**邯郸（复兴）、唐山（丰润、开平）、张家口（尚义、宣化、阳原）；**天津：**蓟州；**北京：**昌平、朝阳、丰台、海淀、门头沟、密云、延庆；**河南：**安阳（北关）、焦作（博爱、山阳）、新乡（辉县）、许昌；**山西：**大同（平城）、晋城（高平）、太原（尖草坪）、运城（平陆、盐湖）；**陕西：**宝鸡、铜川、西安（灞桥、雁塔）、咸阳（杨陵）、榆林（清涧）；**甘肃：**兰州（榆中）、武威（凉州）；**新疆：**阿克苏（沙雅）、昌吉（木垒）、乌鲁木齐（头屯河）、伊犁（巩留、霍城）。

华东（皖南）、华中（豫南）、西南（陕南、甘南）。

全球分布 亚洲、欧洲、非洲、北美洲和南美洲。

040 北美苋

北美苋

***Amaranthus blitoides* S. Watson**

1. 一年生草本，生于公园绿地、荒地等处；2. 茎大部分伏卧，从基部分枝，绿白色；3. 叶片密生，倒卵形、匙形至矩圆状倒披针形；4. 叶顶端具细凸尖，边缘具白色细边，较光亮；5. 腋生花簇，比叶柄短，苞片披针形，具尖芒。

（图 1~5 张淑梅 摄）

āo tóu xiàn

041 凹头苋 | 野苋、野苋菜、野蕼

Amaranthus blitum L.

苋科 Amaranthaceae 苋属 *Amaranthus*

识别特征 一年生草本。茎伏卧上扬，基部分枝。叶菱状卵形，先端凹缺明显。具腋生花簇和顶生直立穗状花序，后者常形成短粗圆锥花序；雌花花被片 3，生于穗状花序顶端，或与雌花混生于腋生花簇，数量较雌花少。胞果不裂，露出宿存花被片。

物候期 花期 7—8 月，果期 8—9 月。

生境 草地、湿地、农田、城镇。

原产地 地中海地区、欧亚大陆和北非。

进入时间 1827 年。

进入地点 中国澳门。

进入途径 有意引入，药用或当作蔬菜。

危害方式 农田、果园、绿地杂草。

北方分布记录及国内其他分布 **黑龙江：**哈尔滨、鸡西（虎林、鸡东）、七台河（勃利）、齐齐哈尔、伊春（乌翠、伊美）；**吉林：**吉林（丰满、蛟河、磐石）、辽源（东丰）、四平（铁西）、通化（集安）、延边（安图）；**辽宁：**鞍山（千山）、本溪（平山）、朝阳（建平）、大连（甘井子）、丹东（东港）、抚顺（顺城）、阜新、葫芦岛（兴城）、沈阳（浑南、和平、沈河、于洪）、铁岭（昌图）；**内蒙古：**赤峰（红山、克什克腾、宁城）；

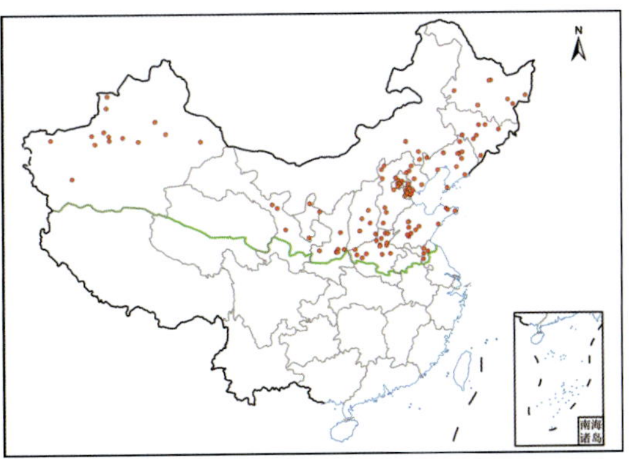

山东：济南（历城、历下）、济宁（泗水、兖州、邹城）、青岛（崂山）、泰安（岱岳、新泰）、威海（荣成）、烟台（莱山、牟平）、淄博（沂源）；**江苏：**宿迁（沭阳、泗洪、宿城）、徐州（新沂）；**河北：**保定（徐水）、承德（承德、兴隆、鹰手营子）、邯郸（武安）、石家庄（高邑、新华）、唐山（丰润、曹妃甸）、张家口（尚义、阳原、张北）；**天津：**宝坻、北辰、滨海、东丽、河北、河东、和平、河西、红桥、蓟州、津南、静海、南开、宁河、武清、西青；**北京：**昌平、东城、房山、丰台、海淀、门头沟、顺义、西城、延庆；**河南：**安阳（北关、文峰）、焦作、开封（龙亭）、洛阳（栾川、嵩县）、三门峡（灵宝、卢氏）、新乡（封丘、辉县）、许昌、郑州（惠济、中原）、周口（太康）；**山西：**长治（沁县）、晋城（陵川）、临汾、吕梁（孝义）、太原；**陕西：**宝鸡、渭南（华州）、西安（灞桥、高陵、莲湖、未央）、延安（富县）；**甘肃：**金昌（永昌）、兰州（安宁）、武威；**宁夏：**固原（泾源）、吴忠（盐池）、银川；**新疆：**阿克苏（拜城、沙雅、乌什、新和）、阿拉尔、巴音郭楞（库尔勒、轮台）、博尔塔拉（温泉）、哈密、和田（和田）、克孜勒苏（阿图什）、吐鲁番（高昌）、乌鲁木齐（沙依巴克）、伊犁（伊宁）。

华东（苏南、皖南、赣、浙、闽、沪、台）、华中（豫南、鄂、湘、贵）、华南（粤、桂、琼、港、澳）、西南（陕南、川、渝、滇、甘南）。

全球分布 亚洲、大洋洲、欧洲、非洲、北美洲和南美洲。

凹头苋

***Amaranthus blitum* L.**

1. 一年生草本，生于农田、荒地、房前屋后；2. 叶菱状卵形，先端凹缺明显；3. 顶生直立穗状花序常形成粗壮且较短的圆锥花序；4. 具腋生花簇。

（图 1、3、4 郝强；图 2 李飞飞 摄）

lǜ suì xiàn

042 绿穗苋 | 台湾苋

Amaranthus hybridus L.

苋科 Amaranthaceae 苋属 *Amaranthus*

识别特征 一年生草本。茎直立，分枝，被柔毛。叶菱状卵形，先端尖或微凹，具凸尖，腹面近无毛，背面疏被柔毛；叶柄被柔毛。穗状圆锥花序顶生，细长，有分枝，中间花穗最长；雄花与雌花混生，花被片通常5，雌花宿存花被片短于胞果。胞果环状横裂，种子黑色。

物候期 花果期7—10月。

生境 草地、湿地、农田、城镇。

原产地 北美洲东部、墨西哥部分地区、中美洲和南美洲北部。

进入时间 1856年。

进入地点 西藏。

进入途径 有意或无意中引入，可作蔬菜食用。

危害方式 农田、果园、绿地杂草。

北方分布记录及国内其他分布 **黑龙江：**七台河（新兴）；**辽宁：**朝阳（喀喇沁左）、大连（甘井子、金州）、丹东（东港）、抚顺（顺城）、沈阳（沈北）；**内蒙古：**赤峰（松山）；**山东：**滨州（博兴）、济南（长清）、济宁（金乡、曲阜、泗水、微山、邹城）、临沂（平邑）、青岛（崂山）、泰安（泰山、新泰）、潍坊（临朐）、淄博；**江苏：**连云港（东海、赣榆、灌云、海州、连云）、宿迁（泗阳、宿城、宿豫）、徐州（丰县、贾汪、沛县、邳州、

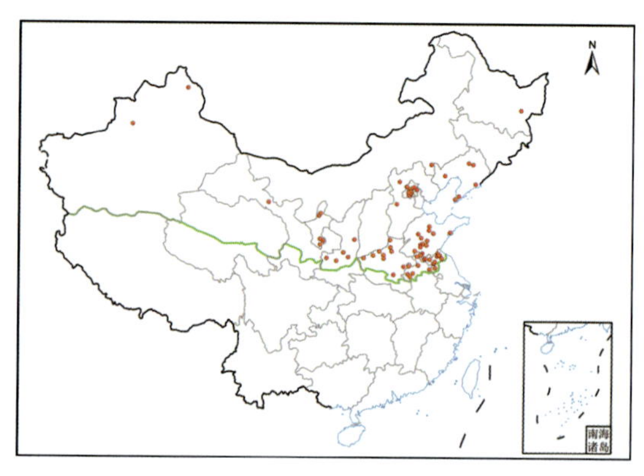

铜山）；**河北：**保定（易县）、张家口（崇礼）；**北京：**昌平、朝阳、大兴、房山、丰台、海淀、怀柔、门头沟、密云、平谷、延庆；**安徽：**亳州（利辛、谯城）、阜阳（太和、颍东）、淮北（烈山）、宿州（泗县）；**河南：**安阳（林州）、济源、三门峡（灵宝、义马）、新乡（辉县、原阳）、郑州（登封、巩义）、周口（郸城）、驻马店（驿城）；**陕西：**宝鸡、铜川（耀州）、渭南、西安（周至）、延安（宜川）；**甘肃：**张掖（甘州）；**宁夏：**固原（泾源、彭阳、原州）、吴忠（青铜峡）、银川（永宁）；**新疆：**阿勒泰、伊犁（巩留）。

华东（苏南、皖南、赣、浙、闽、沪、台）、华中（鄂、湘、贵）、华南（粤、桂、琼、港）、西南（陕南、川、渝、滇、藏、甘南）。

全球分布　亚洲、大洋洲、非洲、北美洲和南美洲。

绿穗苋

***Amaranthus hybridus* L.**

1. 一年生草本，生于农田、花园、荒地、路边、河岸；2. 茎直立，叶菱状卵形，穗状圆锥花序顶生，细长，有分枝，中间花穗最长；3. 种子黑色。

（图 1 郝强；图 2、3 朱鑫鑫 摄）

cháng máng xiàn

043 长芒苋

Amaranthus palmeri S. Watson

苋科 Amaranthaceae 苋属 *Amaranthus*

识别特征 一年生草本，雌雄异株，高可达 3 m。茎直立，下部粗壮，雌株茎常绿色，偶见紫红色，雄株茎常红色至紫红色。叶无毛，叶片菱状卵形，先端钝、急尖或微凹，常具小突尖。花序顶生和腋生，多为穗状花序或集成圆锥花序；苞片钻状披针形，长于花被片，雌花的苞片比雄花更坚硬；花被片 5，不等长，最外面一片倒披针形，中肋粗壮，先端具芒尖。胞果近球形，与宿存花被片近等长，周裂；种子深红褐色。

物候期 花果期 7—10 月。

生境 草地、湿地、农田、城镇。

原产地 美国西南部至墨西哥北部。

进入时间 1985 年。

进入地点 北京丰台。

进入途径 无意引入。

危害方式 农田、果园、绿地杂草。

北方分布记录及国内其他分布 **辽宁：**大连（金州）；**内蒙古：**鄂尔多斯（东胜）；**山东：**滨州（博兴）、菏泽（成武）、泰安、威海（环翠）；**江苏：**宿迁（宿豫）；**河北：**承德（围场）、邯郸（复兴、永年）、石家庄（桥西、新华、裕华）、唐山（曹妃甸）、张家口（涿鹿）；**天津：**滨海、东丽、河北、河东、和平、河西、红桥、津南、南开、武清、西青；**北京：**

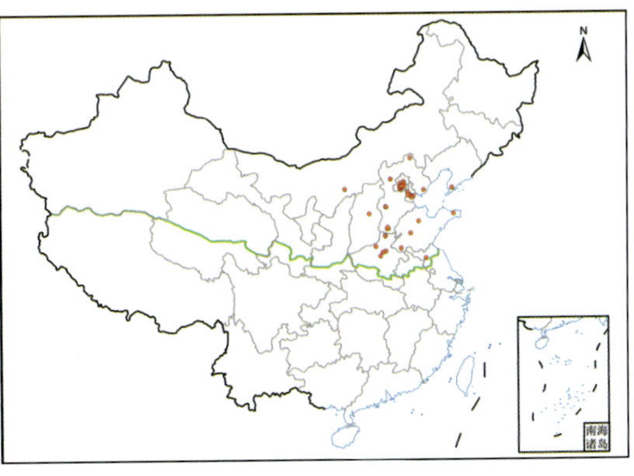

昌平、大兴、房山、丰台、海淀、怀柔、门头沟、石景山、顺义、通州、西城；**河南：**安阳（安阳、北关、文峰）、焦作（山阳）、开封、郑州（新郑、中牟）；**山西：**太原（杏花岭）。

华东（苏南、皖南、浙、沪、闽）、华中（鄂、湘）、华南（粤、桂）。

全球分布 亚洲、欧洲、非洲、北美洲和南美洲。

长芒苋

***Amaranthus palmeri* S. Watson**

1. 一年生草本，生于农田、沟渠、荒地、港口、铁路与公路边、工地；2. 雌雄异株，高可达 3 m，茎直立，下部粗壮；3. 花序顶生和腋生，多为穗状花序或集成圆锥花序；4~6. 叶无毛，叶片菱状卵形，先端钝、急尖或微凹，常具小突尖，叶正面常具不规则白色斑纹。

（图 1~4 郝强；图 5、6 李飞飞 摄）

★ 国家级入侵和检疫标注 ★

长芒苋于2016年被列入《中国自然生态系统外来入侵物种名单(第四批)》，2022 年被列入《重点管理外来入侵物种名录》。

hé bèi xiàn

044 合被苋 | 泰山苋

Amaranthus polygonoides L.

苋科 Amaranthaceae 苋属 *Amaranthus*

识别特征 一年生草本。茎直立或斜伸，通常多分枝。上部叶较密集，叶椭圆状披针形，先端微凹或圆形，具芒尖，叶两面光滑无毛，绿色、不具光泽，中央常横生一条白色斑带。花簇腋生，雌花花被片 5，在下部合生成筒状，果时伸长并稍增厚，宿存并呈海绵质。胞果不开裂或延迟开裂，顶端具三齿（宿存柱头）；种子红褐色。

物候期 花果期 7—10 月。

生境 草地、湿地、农田、城镇。

原产地 北美洲。

进入时间 1979 年。

进入地点 山东。

进入途径 无意引入。

危害方式 农田、果园、绿地杂草。

北方分布记录及国内其他分布 **辽宁：**朝阳（朝阳）、大连（旅顺口）、锦州；**山东：**滨州（滨城）、东营（河口）、菏泽（曹县、鄄城、牡丹、郓城）、济南（槐荫、天桥、长清、市中、章丘）、济宁（金乡、曲阜、泗水、微山、兖州、邹城）、临沂（蒙阴、平邑）、青岛（胶州、崂山、李沧）、泰安（岱岳、宁阳、泰山、新泰）、潍坊（青州）、烟台（莱阳）、枣庄（山亭、滕州）；**江苏：**连云港（连云）、宿迁（泗洪、宿豫）、徐州；**河北：**邯郸（复兴）、衡水（枣强）、廊坊（大厂）、唐山（迁西、曹妃甸）；**天津：**宁河、

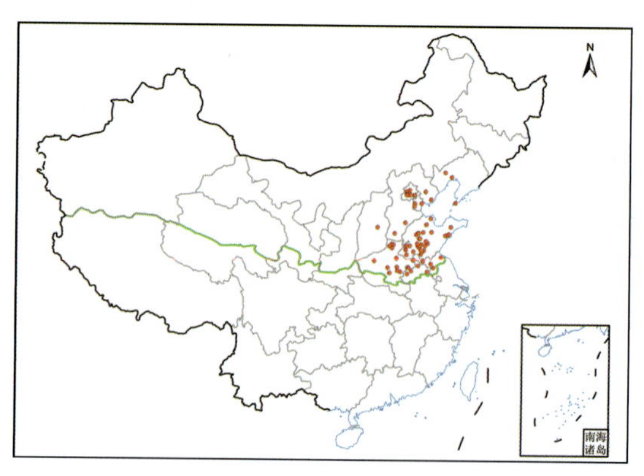

武清、西青；**北京：**昌平、朝阳、东城、海淀、怀柔、石景山、通州；**安徽：**亳州（谯城、涡阳）、阜阳（太和）、淮北（濉溪）、宿州（砀山、泗县）；**河南：**安阳（安阳、北关、龙安、文峰）、开封（兰考）、洛阳（涧西）、漯河（源汇）、商丘（虞城）、许昌（魏都）、周口（郸城、淮阳、太康）；**山西：**太原（小店）。

华东（皖南、浙、沪）、华中（豫南）、华南（桂）。

全球分布 亚洲、欧洲、北美洲。

044 合被苋

合被苋

***Amaranthus polygonoides* L.**

1. 一年生草本，生于路旁、荒地、田边、沿海地区；2、3. 茎直立或斜伸，通常多分枝，上部叶较密集，叶椭圆状披针形，先端微凹或圆形，具芒尖，叶两面光滑无毛，绿色、不具光泽，中央常横生一条白色斑带；4. 花簇腋生。

（图 1~3 郝强；图 4 王涛 摄）

fǎn zhī xiàn

045 反枝苋 | 西风谷、野苋菜

Amaranthus retroflexus L.

苋科 Amaranthaceae 苋属 *Amaranthus*

识别特征 一年生草本。茎直立、粗壮、密被柔毛。叶菱状卵形，先端锐尖或尖凹，具小凸尖，两面及边缘被柔毛，背面毛较密；叶柄被柔毛。穗状圆锥花序顶生或腋生，直立或顶端反折；花被片 5。胞果扁卵形，环状横裂，包在宿存花被片内；种子黑色或棕色。

物候期 花果期 6—10 月。

生境 草地、湿地、农田、城镇。

原产地 北美洲。

进入时间 1914 年。

进入地点 天津。

进入途径 无意引入。

危害方式 农田、果园、绿地杂草。

北方分布记录及国内其他分布 **黑龙江：**大庆（大同、龙凤）、大兴安岭（加格达奇）、哈尔滨（尚志、松北、五常）、黑河（爱辉、北安）、鸡西（虎林）、佳木斯（抚远）、牡丹江（东宁）、七台河（勃利）、齐齐哈尔（讷河）、双鸭山（饶河）、伊春（大箐山、乌翠、伊美）；**吉林：**白城（大安、镇赉）、白山（浑江）、长春（公主岭、南关）、吉林（丰满）、辽源（东丰）、松原（前郭尔罗斯）、通化、延边（和龙）；**辽宁：**鞍山（千山）、本溪（桓仁、平山）、朝阳（建平）、大连（甘井子、金州）、丹东（元宝）、葫芦岛（兴城）、盘锦（盘山）、沈阳（大东、沈北、沈河、铁西）、铁岭（昌图）；**内**

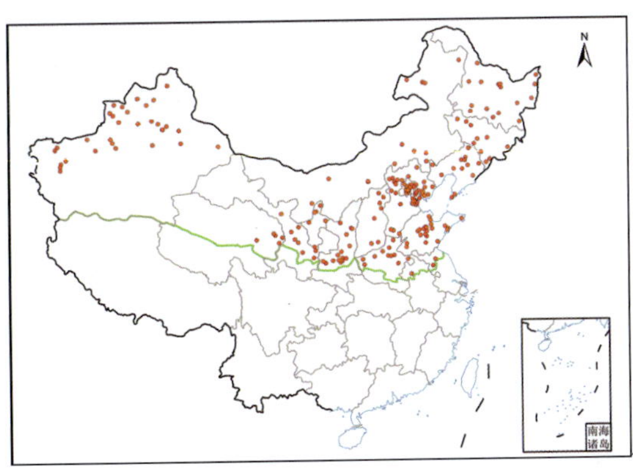

蒙古：阿拉善（阿拉善左）、巴彦淖尔（乌拉特后）、赤峰（红山、克什克腾、翁牛特）、呼和浩特（赛罕、新城）、呼伦贝尔（陈巴尔虎、海拉尔、满洲里）、锡林郭勒（锡林浩特、正镶白）；**山东：**滨州（邹平）、东营（东营、广饶、河口）、菏泽（鄄城、牡丹）、济南（长清、历下、章丘、莱芜）、临沂（平邑）、青岛（崂山、平度、市南）、日照（东港）、泰安（泰山）、潍坊（青州）、威海（荣成）、淄博（博山、周村）；**江苏：**宿迁（泗洪、泗阳）；**河北：**保定（莲池）、承德（丰宁、宽城、围场、兴隆）、邯郸（丛台、大名、邯山、武安）、秦皇岛、唐山（丰南、丰润、开平、乐亭、迁西、曹妃甸、玉田）、张家口（赤城、崇礼、桥西、尚义、蔚县、宣化、阳原、张北）；**天津：**宝坻、北辰、滨海、东丽、河北、河东、和平、河西、红桥、蓟州、津南、静海、南开、宁河、武清、西青；**北京：**昌平、朝阳、大兴、东城、房山、丰台、海淀、怀柔、门头沟、密云、平谷、石景山、顺义、西城、延庆；**安徽：**阜阳（颍州）；**河南：**安阳（殷都）、焦作（博爱）、开封、三门峡（灵宝、卢氏、义马）、商丘（虞城）、新乡（辉县）、郑州（金水、中牟）、周口（太康）；**山西：**大同（浑源、云冈）、晋城（高平、沁水）、太原（迎泽）、忻州（繁峙、五台）；**陕西：**宝鸡（太白、凤县）、铜川、渭南（临渭）、西安（灞桥、长安、高陵、未央）、咸阳（淳化、渭城、杨陵）、延安（宝塔、黄龙、子长）、榆林（靖边、清涧）；**甘肃：**白银（景泰）、定西（陇西）、金昌（永昌）、兰州（安宁、永登、榆中）、平凉（庄浪）、天水（麦积）；**宁夏：**固原（泾源）、石嘴山（惠农）、吴忠（盐池）、银川（贺兰、西夏）、中卫（沙坡头）；**青海：**海东（民和、平安、循化）、黄南（尖扎）、西宁（城东）；**新疆：**阿克苏（拜城、柯坪、沙雅、乌什、新和）、阿勒泰（布尔津）、巴音郭楞（和硕）、博尔塔拉（博乐、精河、温泉）、昌吉（阜康、呼图壁、奇台）、哈密（伊吾）、喀什（麦盖提、莎车、疏勒、叶城、泽普）、克拉玛依（克拉玛依）、克孜勒苏（阿图什）、石河子、塔城（托里、裕民）、吐鲁番（高昌）、乌鲁木齐（沙依巴克、天山、乌鲁木齐）、伊犁（巩留、霍城、尼勒克、伊宁）。

华东（苏南、皖南、赣、浙、闽）、华中（豫南、鄂、湘、贵）、华南（桂）、西南（陕南、川、滇、藏、青南、甘南）。

全球分布 亚洲、大洋洲、欧洲、非洲、北美洲和南美洲。

反枝苋

***Amaranthus retroflexus* L.**

1. 一年生草本，生于农田、花园、荒地、路边、河岸；2. 叶菱状卵形，先端锐尖或尖凹，具小凸尖，两面及边缘被柔毛，背面毛较密；3~5. 穗状圆锥花序顶生或腋生，直立。

（图 1~5 李飞飞 摄）

★ 国家级入侵和检疫标注 ★

反枝苋于 2014 年被列入《中国外来入侵物种名单（第三批）》。

cì xiàn

046 刺苋 | 勒苋菜、竻苋菜

Amaranthus spinosus L.

苋科 Amaranthaceae 苋属 *Amaranthus*

识别特征 一年生草本。茎直立，多分枝。叶片菱状卵形，顶端圆钝，具微凸头；叶柄无毛，在其旁有2刺，刺长5~10 mm。圆锥花序腋生及顶生；苞片在腋生花簇及顶生花穗的基部者变成2个尖锐直刺，雌花花被片5。胞果在中部以下不规则横裂，包裹在宿存花被片内；种子黑色。

物候期 花果期7—11月。

生境 草地、湿地、农田、城镇。

原产地 北美洲、南美洲。

进入时间 1836年。

进入地点 中国澳门。

进入途径 无意引入。

危害方式 农田、果园、绿地杂草。

北方分布记录及国内其他分布 **辽宁**：朝阳；**山东**：菏泽（成武）、济南（长清、历城）、济宁（曲阜、泗水、微山、兖州、邹城）、临沂（莒南、平邑）、青岛（崂山、市南）、日照（莒县）、泰安（宁阳、泰山、新泰）、潍坊（青州）、烟台（莱阳）、枣庄；**江苏**：连云港（赣榆、海州）、宿迁（泗洪、泗阳）、徐州（新沂）；**河北**：保定（安国、涿州）、承德（兴隆）、邯郸（丛台）、唐山（丰润）；**天津**：河西；**北京**：昌平、大兴、房山、丰台、海淀、怀柔、门头沟、密云、顺义、通州、延庆；**安徽**：亳州（涡阳）、阜阳、淮北（烈山）；**河南**：安阳（殷都）、焦作（解放、山阳、修武）、开封、商

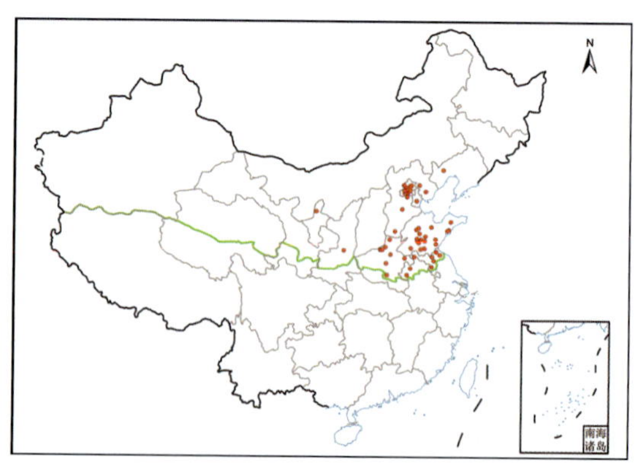

丘（虞城）、新乡（辉县）、许昌、驻马店（泌阳）；**陕西：** 铜川（印台）；**宁夏：** 银川（西夏）。

华东（苏南、皖南、赣、浙、闽、沪、台）、华中（豫南、鄂、湘、贵）、华南（粤、桂、琼、港、澳）、西南（陕南、川、渝、滇、藏、甘南）。

全球分布 亚洲、大洋洲、欧洲、非洲、北美洲和南美洲。

046 刺苋

刺苋

***Amaranthus spinosus* L.**

1. 一年生草本，生于农田、牧场、果园、菜地、路边、荒地；2、3. 叶片菱状卵形，顶端圆钝，具微凸头；4. 茎直立，多分枝，叶柄无毛，在其旁有 2 刺，刺长 5~10 mm；5. 圆锥花序腋生及顶生；6. 苞片在腋生花簇及顶生花穗的基部者变成 2 个尖锐直刺。

（图 1~6 朱鑫鑫 摄）

★ 国家级入侵和检疫标注 ★

刺苋于 2010 年被列入《中国第二批外来入侵物种名单》，2022 年被列入《重点管理外来入侵物种名录》。

cāo guǒ xiàn

047 糙果苋 | 西部苋

Amaranthus tuberculatus (Moq.) J. D. Sauer

苋科 Amaranthaceae 苋属 *Amaranthus*

识别特征 一年生草本，雌雄异株，全株无毛。茎常直立。叶片形态多变，宽卵形至菱状披针形。圆锥花序顶生，雌花序常具叶，雌花常无花被片；雄花花被片 5，近等长。胞果不开裂，种子深红褐色。

物候期 花果期 7—9 月。

生　境 草地、湿地、农田、城镇。

原产地 北美洲。

进入时间 2009 年。

进入地点 辽宁大连。

进入途径 无意引入。

危害方式 农田、果园、绿地杂草。

北方分布记录及国内其他分布 **辽宁**：大连（普兰店）；**河北**：唐山（曹妃甸）；**北京**：丰台、怀柔、通州。

华中（鄂）。

全球分布 亚洲、欧洲、北美洲。

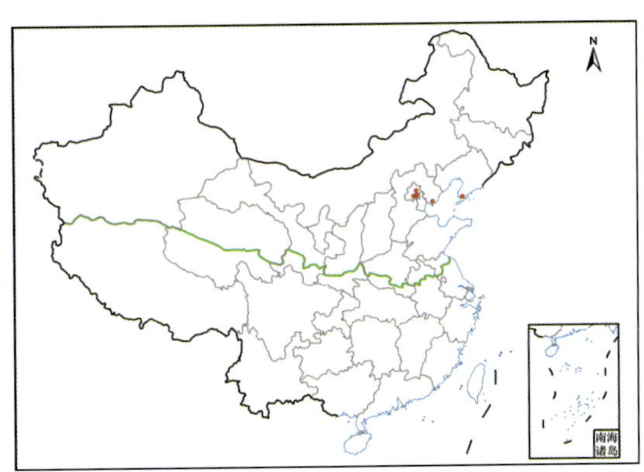

047 糙果苋

糙果苋

Amaranthus tuberculatus **(Moq.) J. D. Sauer**

1. 一年生草本，生于湿地、农田、河滩，雌雄异株；2. 茎直立，常具紫红色条纹；3、4. 叶宽卵形至菱状披针形，两面无毛；5. 圆锥花序顶生，雌花序常具叶。

（图 1~5 张淑梅 摄）

zhòu guǒ xiàn

048 皱果苋 | 绿苋

Amaranthus viridis L.

苋科 Amaranthaceae 苋属 *Amaranthus*

识别特征 一年生草本，全株无毛。茎直立，稍分枝。叶卵形，先端凹缺，少数圆钝。穗状圆锥花序顶生或腋生，细长，直立；雌花花被片3。胞果不裂，皱缩，露出花被片；种子黑褐色。

物候期 花果期6—11月。

生境 草地、湿地、农田、城镇。

原产地 南美洲及加勒比海地区。

进入时间 1844年。

进入地点 中国澳门。

进入途径 有意引入，药用或食用。

危害方式 农田、果园、绿地杂草。

北方分布记录及国内其他分布 **黑龙江：**哈尔滨、齐齐哈尔；**吉林：**吉林（蛟河）；**辽宁：**大连（甘井子、旅顺口）、抚顺（清原）；**内蒙古：**赤峰（红山）；**山东：**滨州（滨城、博兴）、德州（武城）、东营（河口）、菏泽（东明、牡丹）、济南（长清、莱芜、历城、历下、商河、市中、天桥、章丘）、济宁（金乡、曲阜、微山、兖州、邹城）、聊城（东昌府）、临沂（费县、蒙阴、平邑）、青岛（黄岛、即墨、崂山、平度、市南）、日照（东港）、泰安（岱岳、泰山）、潍坊（青州）、威海（文登）、烟台（牟平、蓬莱）、枣庄（山亭、市中）、淄博（高青、张店、周村）；**江苏：**连云港（赣榆、海州、连

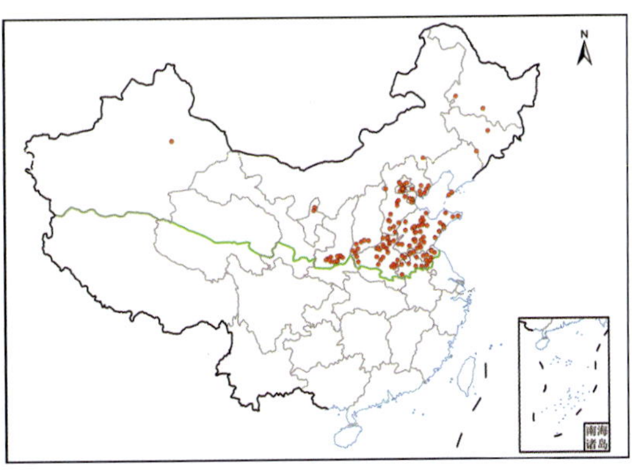

云)、宿迁(沭阳、泗洪、泗阳、宿城)、徐州(丰县、沛县、邳州、泉山、新沂);**河北:**保定(莲池、徐水)、邯郸(磁县、丛台、大名、曲周)、衡水(枣强)、廊坊(永清)、秦皇岛(昌黎、北戴河)、石家庄(栾城)、唐山(开平、乐亭、迁西、曹妃甸)、邢台(内丘)、张家口(阳原);**天津:**滨海、东丽、河西、蓟州、西青;**北京:**昌平、朝阳、大兴、东城、房山、丰台、海淀、怀柔、密云、石景山、西城、延庆;**安徽:**亳州(谯城)、阜阳(颍东)、淮北(烈山)、宿州(砀山、泗县、埇桥);**河南:**安阳(北关、滑县、林州、汤阴、文峰)、鹤壁(浚县)、焦作(博爱、山阳、武陟)、开封、平顶山、濮阳、三门峡(灵宝、卢氏)、商丘(夏邑、虞城、柘城)、新乡(红旗、辉县、牧野、延津)、许昌(禹州)、郑州(登封、新郑)、周口(郸城、淮阳、商水、项城);**山西:**晋城(沁水)、临汾(侯马、翼城)、运城(芮城、万荣、盐湖、永济);**陕西:**宝鸡(扶风、眉县)、渭南(临渭)、西安(长安、高陵、鄠邑、阎良、雁塔、周至)、咸阳(乾县、三原、杨陵);**宁夏:**银川(贺兰、永宁);**新疆:**吐鲁番(高昌)。

华东(苏南、皖南、赣、浙、闽、沪、台)、华中(豫南、鄂、湘、贵)、华南(粤、桂、琼、港、澳)、西南(陕南、川、渝、滇、甘南)。

全球分布 亚洲、大洋洲、欧洲、非洲、北美洲和南美洲。

皱果苋

***Amaranthus viridis* L.**

1. 一年生草本，生于农田、路边、荒地、沟渠；2. 茎直立，稍分枝，叶卵形，先端凹缺，少数圆钝；3、4. 穗状圆锥花序顶生或腋生，细长，直立。

（图 1~4 郝强 摄）

kōng xīn lián zǐ cǎo

049 空心莲子草 | 喜旱莲子草、水花生

***Alternanthera philoxeroides* (Mart.) Griseb.**

苋科 Amaranthaceae 莲子草属 *Alternanthera*

识别特征 多年生草本。茎匍匐，具分枝，幼茎及叶腋被白色或锈色柔毛。叶倒卵状披针形，两面无毛或腹面被平伏毛，背面具颗粒状突起。头状花序具长花序梗，单生叶腋，白色花被片长圆形，基部略带粉红色；具雌化雄蕊，有柱头、花柱和子房，但子房室内无胚珠状结构，仅为一个空腔。

物候期 花果期5—6月。

生　境 草地、湿地、农田、城镇。

原产地 南美洲的巴拉那河流域。

进入时间 1892年。

进入地点 上海。

进入途径 有意引入（引种繁殖），当作饲料。

危害方式 侵占水体，破坏生物多样性。

北方分布记录及国内其他分布 **山东：**菏泽（牡丹）、济南（长清）、济宁（金乡、曲阜、泗水、微山、兖州、邹城）、聊城（茌平）、青岛（崂山）、日照（东港）；**江苏：**连云港（赣榆、海州）、宿迁（泗洪、泗阳、宿城）、徐州（邳州）；**河北：**保定（高阳）、邯郸（磁县）、秦皇岛；**天津：**河北、河东、和平、河西、红桥、南开、武清；**北京：**房山、海淀、怀柔、顺义；**安徽：**亳州（谯城）、阜阳（颍东）、淮北（烈山）、宿州（灵璧）；**河南：**

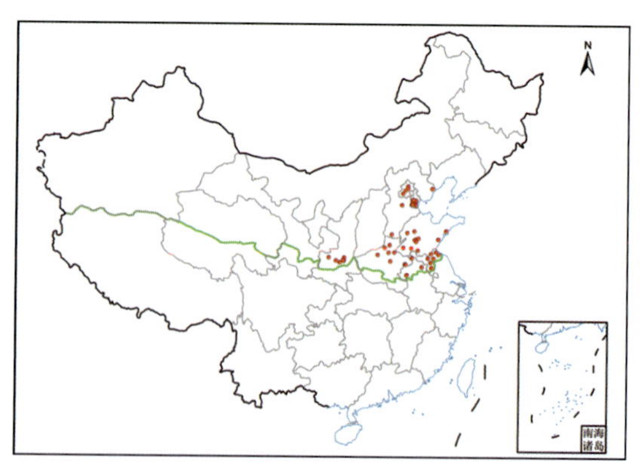

焦作、开封、洛阳（洛龙）、许昌、新乡（辉县）、郑州（金水）；**陕西：**宝鸡（凤翔）、西安（灞桥、高陵、鄠邑、未央）、咸阳（武功）。

华东（苏南、皖南、赣、浙、闽、沪、台）、华中（豫南、鄂、湘、贵）、华南（粤、桂、琼、港、澳）、西南（陕南、川、渝、滇、甘南）。

全球分布　亚洲、大洋洲、北美洲和南美洲。

空心莲子草

Alternanthera philoxeroides **(Mart.) Griseb.**

1. 多年生草本，生于农田、荒地、池沼、水沟、湿地；2. 茎匍匐，具分枝，叶倒卵状披针形，两面无毛；3、4. 头状花序具长花序梗，单生叶腋，白色花被片长圆形，基部略带粉红色。

（图 1~4 李飞飞 摄）

★ 国家级入侵和检疫标注 ★

空心莲子草于 2003 年被列入《中国第一批外来入侵物种名单》，2022 年被列入《重点管理外来入侵物种名录》。

tǔ jīng jiè

050 土荆芥 | 鹅脚草、臭草、臭杏、杀虫芥、香藜草

Dysphania ambrosioides（L.）Mosyakin & Clemants

苋科 Amaranthaceae 腺毛藜属 *Dysphania*

识别特征 一年生或多年生草本，全株被椭圆形腺体，有香味。茎直立，多分枝。叶长披针形，具不等大锯齿。花两性，通常 3~5 个团集，生于上部叶腋；花被常 5 裂，淡绿色，雄蕊 5；花柱不明显，柱头 3~4，丝形。胞果扁球形，种子黑色或暗红色。

物候期 花期 6—8 月，果期 7—9 月。

生境 森林、灌丛、草地、湿地、农田、城镇。

原产地 南美洲热带地区、北美洲南部地区。

进入时间 1864 年。

进入地点 中国台湾。

进入途径 无意引入。

危害方式 农田、果园、绿地杂草。

北方分布记录及国内其他分布 **黑龙江：**哈尔滨（道里）；**辽宁：**沈阳；**山东：**菏泽（成武）、济南（莱芜）、青岛（崂山、市南）、烟台（莱阳）；**江苏：**连云港（东海）、宿迁（宿城）、徐州（沛县）；**河北：**承德（兴隆）、秦皇岛、唐山（丰南）；**北京：**朝阳；**河南：**安阳（林州）、焦作（博爱）、商丘（虞城）、许昌、周口（太康）、驻马店（确山）；**陕

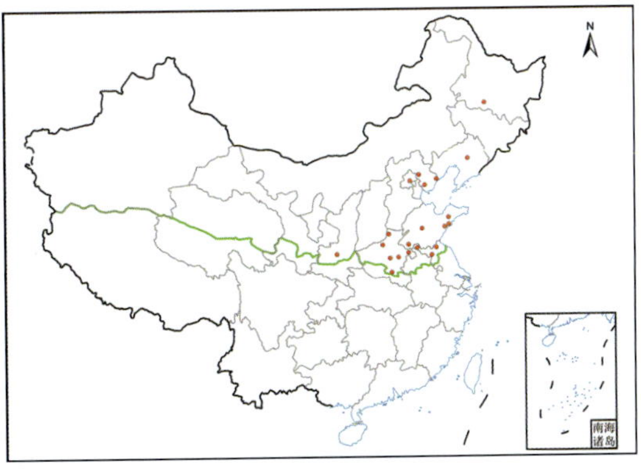

西：咸阳（杨陵）。

华东（苏南、皖南、赣、浙、闽、沪、台）、华中（豫南、鄂、湘、贵）、华南（粤、桂、琼、港、澳）、西南（陕南、川、渝、滇、藏、甘南）。

全球分布　亚洲、大洋洲、欧洲、非洲、北美洲和南美洲。

土荆芥

Dysphania ambrosioides **(L.) Mosyakin & Clemants**

1. 一年或多年生草本，生于房前屋后、路旁、荒地、草地、河岸、林缘、农田；2. 叶长披针形，具不等大锯齿；3~5. 花两性，通常 3~5 个团集，生于上部叶腋；6. 花被常 5 裂，淡绿色，雄蕊 5。

（图 1~6 朱鑫鑫 摄）

★ 国家级入侵和检疫标注 ★

土荆芥于 2010 年被列入《中国第二批外来入侵物种名单》。

pù dì lí

051 铺地藜

Dysphania pumilio（R. Br.）Mosyakin & Clemants

苋科 Amaranthaceae 腺毛藜属 *Dysphania*

识别特征 一年生铺散或平卧草本。分枝多而纤细，植株密被具节的柔毛和腺毛。叶椭圆形，边缘具 3~5 对粗牙齿裂片，两面均被节柔毛，下面密生黄色腺粒，具弱刺激性气味。聚伞花序腋生，近球形，花被片 5，直立，基部合生；雄蕊 1 枚或无。瘦果卵球形，与种子贴生；种子直立，红褐色。

物候期 花果期 6—10 月。

生境 草地、湿地、农田、城镇。

原产地 澳大利亚。

进入时间 1993 年。

进入地点 河南郑州。

进入途径 无意引入。

危害方式 农田、果园、绿地杂草。

北方分布记录及国内其他分布 **辽宁：**沈阳；**山东：**青岛（即墨）、威海（乳山、文登）；**河北：**唐山（曹妃甸）；**北京：**朝阳、海淀、门头沟；**河南：**三门峡（湖滨）、商丘（虞城）、郑州（惠济、荥阳、中牟）；**陕西：**宝鸡（眉县）。

西南（滇）。

全球分布 亚洲、欧洲、非洲、北美洲和南美洲。

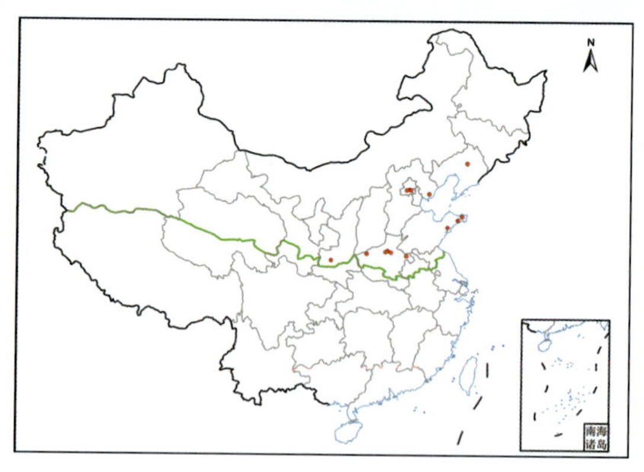

铺地藜

***Dysphania pumilio*（R. Br.）Mosyakin & Clemants**

1. 一年生铺散或平卧草本，生于农田、草地、庭院、路旁、荒地、河岸、沟渠；2. 叶椭圆形，边缘具 3~5 对粗牙齿裂片，两面均被节柔毛；3、4. 聚伞花序腋生，近球形，花被片 5，直立，基部合生。

（图 1~4 张淑梅 摄）

zá pèi lí

052 杂配藜 | 大叶藜、血见愁、野角尖草

***Chenopodiastrum hybridum* （L.）S. Fuentes, Uotila & Borsch**

苋科 Amaranthaceae 麻叶藜属 *Chenopodiastrum*

识别特征 一年生草本。茎直立、粗壮，具淡黄色或紫色条棱。叶宽卵形，幼嫩时有粉粒，边缘掌状浅裂，裂片三角形，不等大。两性花数个团集，在分枝上排列成开散的圆锥状花序；花被5裂。胞果果皮膜质，常有白色斑点，与种子贴生；种子黑色。

物 候 期 花果期7—10月。

生　　境 森林、灌丛、草地、湿地、农田、城镇。

原 产 地 欧洲与西亚。

进入时间 1864年。

进入地点 河北承德。

进入途径 无意引入。

危害方式 农田、果园、绿地杂草。

北方分布记录及国内其他分布 **黑龙江：**大庆（让胡路）、哈尔滨（南岗）、鸡西（鸡东）、佳木斯（向阳）、牡丹江（宁安）、七台河（勃利、桃山）、齐齐哈尔、伊春（南岔）；**吉林：**白山（浑江、临江）、吉林（船营、磐石）、通化（集安）；**辽宁：**鞍山（铁东）、本溪（桓仁、平山）、朝阳（建平）、大连（甘井子、中山）、沈阳（浑南、沈北）、铁岭（昌图、银州）；**内蒙古：**赤峰（红山、喀喇沁）、呼伦贝尔（根河）、兴安（阿尔山）；**山东：**滨州（邹平）、济南（市中）、烟台（蓬莱）、淄博（沂源）；**河北：**保定

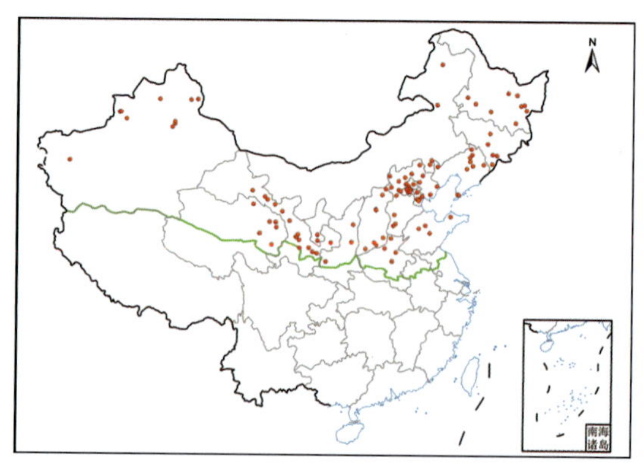

（涞源）、承德（承德、丰宁、围场、兴隆）、邯郸（武安）、秦皇岛、石家庄（赞皇）、唐山（曹妃甸）、邢台（沙河）、张家口（赤城、尚义、蔚县、宣化、阳原、涿鹿）；**天津：**宝坻、滨海、河西、津南、宁河；**北京：**昌平、朝阳、大兴、东城、房山、海淀、门头沟、密云、西城、延庆；**河南：**安阳（林州）、焦作（博爱）、开封、许昌；**山西：**大同（浑源）、晋城（沁水、阳城）、太原（尖草坪、万柏林）、忻州（繁峙）、运城（夏县）、长治（壶关）；**陕西：**宝鸡（凤县）、延安（黄龙、子长）；**甘肃：**定西（通渭、渭源）、嘉峪关、金昌（永昌）、兰州（安宁、城关、皋兰、榆中）、庆阳（西峰）、天水（秦安、清水）、武威（古浪）、张掖（高台、临泽、山丹）；**宁夏：**固原（泾源、原州）；**青海：**海北（海晏、祁连）、黄南（尖扎、泽库）、西宁（城东、大通）；**新疆：**阿勒泰（富蕴、青河）、喀什（莎车）、塔城（托里）、五家渠、乌鲁木齐（米东、水磨沟、乌鲁木齐）、伊犁（察布查尔、巩留、伊宁）。

华东（苏南）、华中（豫南）、西南（陕南、川、渝、滇、藏、青南、甘南）。

全球分布　亚洲、欧洲、非洲。

杂配藜

***Chenopodiastrum hybridum*（L.）S. Fuentes, Uotila & Borsch**

1. 一年生草本，生于林缘、山坡、沟谷、农田、路边、荒地；2. 叶宽卵形，边缘掌状浅裂，裂片三角形，不等大；3、4. 两性花数个团集，在分枝上排列成开散的圆锥状花序，花被 5 裂；5. 种子黑色。

（图 1~5 周达康 摄）

chuí xù shāng lù

053 垂序商陆 | 美洲商陆、垂穗商陆、十蕊商陆

***Phytolacca americana* L.**

商陆科 Phytolaccaceae 商陆属 *Phytolacca*

识别特征 多年生高大草本。茎直立，有时带紫红色。叶椭圆状卵形。总状花序顶生或与叶对生，纤细，稍下垂，花较稀少；花白色，微带红晕，花被片5，雄蕊、心皮及花柱均为10，心皮合生。果序下垂，浆果扁球形，紫黑色。

物候期 花期6—8月，果期8—10月。

生境 森林、灌丛、草地、湿地、农田、城镇。

原产地 北美洲。

进入时间 1932年。

进入地点 山东青岛。

进入途径 有意引入以供药用和观赏。

危害方式 农田、果园、绿地杂草。

北方分布记录及国内其他分布 **黑龙江：**哈尔滨（木兰、香坊）、齐齐哈尔；**吉林：**长春；**辽宁：**大连（甘井子、金州、旅顺口）、辽阳（白塔）、沈阳（沈北）、铁岭（昌图）；**山东：**滨州（邹平）、东营（东营）、菏泽（成武、牡丹、郓城）、济南（槐荫、历城、历下、平阴、章丘）、济宁（任城、邹城）、临沂（蒙阴、平邑）、青岛（即墨、崂山、平度）、日照（五莲）、泰安（泰山）、威海、潍坊（青州）、烟台（牟平）、枣庄（山亭、滕州）、淄博（博山、周村）；**河北：**保定（安国）、沧州（海兴）、承德（承德）、衡水（枣强）、秦皇岛（昌黎、海港）、石家庄（鹿泉）、唐山（曹妃甸、玉田）、张家口

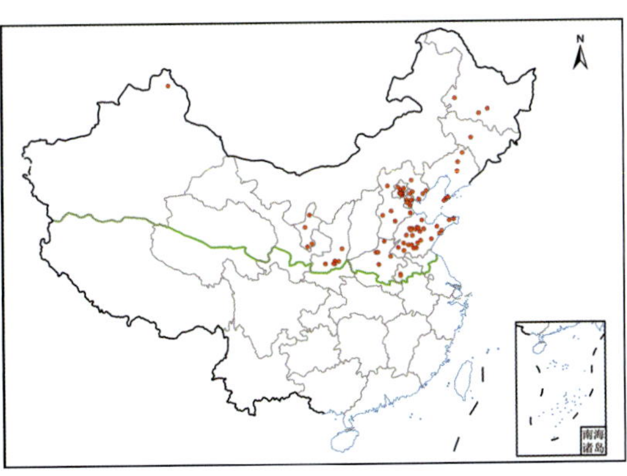

（宣化）；**天津：**滨海、河西、蓟州、宁河、武清、西青；**北京：**昌平、朝阳、大兴、东城、海淀、怀柔、门头沟、石景山、延庆；**安徽：**阜阳（颍州、颍泉）；**河南：**安阳（北关）、焦作（山阳、修武）、开封（兰考）、许昌（禹州）；**陕西：**渭南（临渭）、咸阳（杨陵）、延安（黄龙）、西安（灞桥、高陵、未央）；**宁夏：**固原（隆德、彭阳）、吴忠（同心）、银川（灵武）；**新疆：**阿勒泰（阿勒泰）。

华东（苏南、皖南、赣、浙、闽、沪、台）、华中（豫南、鄂、湘、贵）、华南（粤、桂、琼、港）、西南（陕南、川、渝、滇）。

全球分布 亚洲、欧洲、非洲、北美洲和南美洲。

垂序商陆

***Phytolacca americana* L.**

1. 多年生高大草本，生于路边、荒地、草地、林缘；2. 茎直立，有时带紫红色；3. 叶椭圆状卵形，总状花序顶生或与叶对生，纤细，稍下垂；4. 花较稀少，白色，微带红晕，花被片 5；5. 浆果扁球形，紫黑色。

（图 1~5 郝强 摄）

★ 国家级入侵和检疫标注 ★

垂序商陆于 2016 年被列入《中国自然生态系统外来入侵物种名单（第四批）》，2022 年被列入《重点管理外来入侵物种名录》。

luò kuí shǔ

054 落葵薯 | 藤三七、川七、土三七、洋落葵、金钱珠

Anredera cordifolia（Ten.）Steenis

落葵科 Basellaceae 落葵薯属 *Anredera*

识别特征 缠绕草质藤本，根茎粗壮。叶近圆形，稍肉质；叶腋和根状茎上生珠芽，珠芽呈瘤状，少数圆柱形。总状花序具多花，苞片宿存；花托杯状，花被片白色，渐变黑，卵形至椭圆形；雄蕊白色；花柱白色，3 叉裂。

物候期 花期 6—10 月。

生　境 森林、灌丛、草地、湿地、农田、城镇。

原产地 南美洲的中部与东部地区。

进入时间 1926 年。

进入地点 江苏南京。

进入途径 有意引入，作为观赏植物栽培。

危害方式 具化感作用，破坏生物多样性。

北方分布记录及国内其他分布 **黑龙江**：哈尔滨（香坊）、伊春（伊美）；**吉林**：通化（梅河口）；**辽宁**：本溪（桓仁）、大连（甘井子）、抚顺（顺城）、沈阳（和平）、铁岭（昌图）；**山东**：滨州（邹平）、济南（历城、历下、章丘）、烟台（莱阳）、淄博（周村）；**河北**：张家口（阳原）；**天津**：滨海、河西、蓟州；**北京**：昌平、朝阳、房山、丰台、海淀、延庆；**河南**：安阳（文峰）；**青海**：西宁（大通）；**新疆**：乌鲁木齐（沙依巴克、

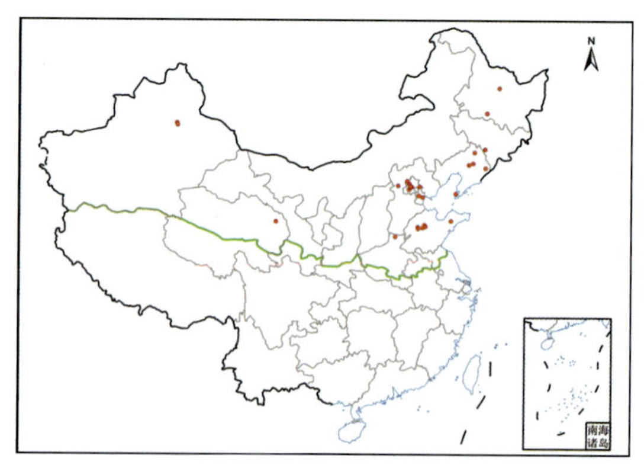

新市）。

华东（苏南、赣、浙、闽、台）、华中（鄂、湘、贵）、华南（粤、桂、琼、港、澳）、西南（川、渝、滇）。

全球分布 亚洲、非洲、北美洲和南美洲。

落葵薯

***Anredera cordifolia*（Ten.）Steenis**

1. 缠绕草质藤本，生于林缘、灌丛、河边、荒地；2. 叶近圆形，稍肉质；3、4. 总状花序具多花，花托杯状，雄蕊白色，花柱白色，3叉裂；5. 花被片白色；6. 根状茎上生珠芽，珠芽呈瘤状，少数圆柱形。

（图1~6 朱鑫鑫 摄）

★ 国家级入侵和检疫标注 ★

落葵薯于2010年被列入《中国第二批外来入侵物种名单》，2022年被列入《重点管理外来入侵物种名录》。

xǐ mǎ lā yǎ fèng xiān huā

055 喜马拉雅凤仙花 | 腺柄凤仙花

Impatiens glandulifera Royle

凤仙花科 Balsaminaceae 凤仙花属 *Impatiens*

识别特征 一年生草本。茎直立、粗壮，具明显的棱，节上常具明显的腺体。叶对生或轮生，卵状披针形，边缘具圆齿状锯齿；叶柄基部有明显红色具柄腺体。总状花序顶生，花粉红色或红紫色，下部萼片囊状，基部骤狭成短距；旗瓣近圆形，背部具龙骨突，翼瓣无柄，上下裂片不等长，上部裂片较大。蒴果宽棒状，下垂，顶端喙尖；种子近球形，具皱纹。

物 候 期 花果期 7—10 月。

生　　境 森林、灌丛、草地、湿地、农田、城镇。

原 产 地 印度和巴基斯坦。

进入时间 2019 年。

进入地点 黑龙江漠河。

进入途径 有意引入，作为观赏植物。

危害方式 与本地物种竞争，破坏生物多样性。

北方分布记录及国内其他分布 **黑龙江**：大兴安岭（漠河）；**吉林**：白山；**内蒙古**：呼伦贝尔。

华东（苏南）、华南（桂）。

全球分布 亚洲、大洋洲、欧洲、非洲、北美洲和南美洲。

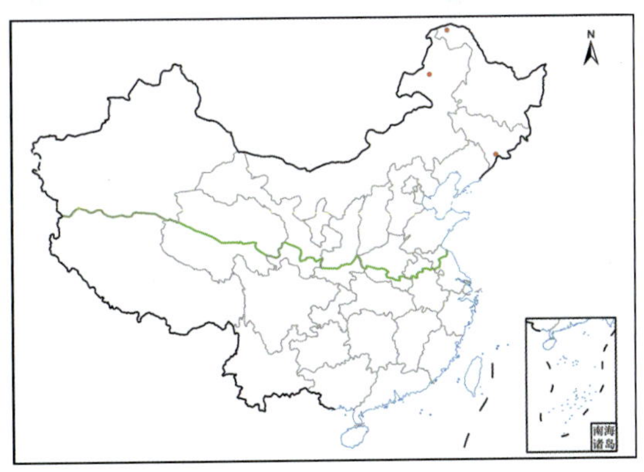

喜马拉雅凤仙花

Impatiens glandulifera **Royle**

1. 一年生草本，生于林缘、河边、荒地；2. 茎直立、粗壮，具明显的棱，叶对生，卵状披针形，边缘具圆齿状锯齿，叶柄基部有明显红色具柄腺体；3. 总状花序顶生，花粉红色或红紫色；4. 花下部萼片囊状，基部骤狭成短距，旗瓣近圆形，背部具龙骨突，翼瓣无柄，上下裂片不等长，上部裂片较大。

（图 1~4 张淑梅 摄）

jié máo jiān kòu cǎo

056 睫毛坚扣草 | 山东丰花草、柱形双角草

***Hexasepalum teres* (Walter) J. H. Kirkbr.**

茜草科 **Rubiaceae** 号扣草属 ***Hexasepalum***

识别特征 一年生草本，分枝多，直立或斜伸。叶纸质，无柄，线状披针形；托叶鞘顶端截平，具浅黄色长刺毛数条。花单生于叶腋，无梗；花冠粉红色，近漏斗形，顶部 4 裂。蒴果倒卵形，具种子 2 颗；种子黄褐色，有 1 条纵沟槽。

物 候 期 花果期 8—9 月。

生　　境 森林、草地、湿地、农田、城镇。

原 产 地 印度和巴基斯坦。

进入时间 1982 年。

进入地点 山东青岛。

进入途径 无意引入。

危害方式 农田、果园、绿地杂草。

北方分布记录及国内其他分布 **山东：**青岛（黄岛、崂山、市南）、潍坊（青州）。

华东（赣、浙、闽）、华中（鄂）。

全球分布 亚洲、欧洲、非洲、北美洲和南美洲。

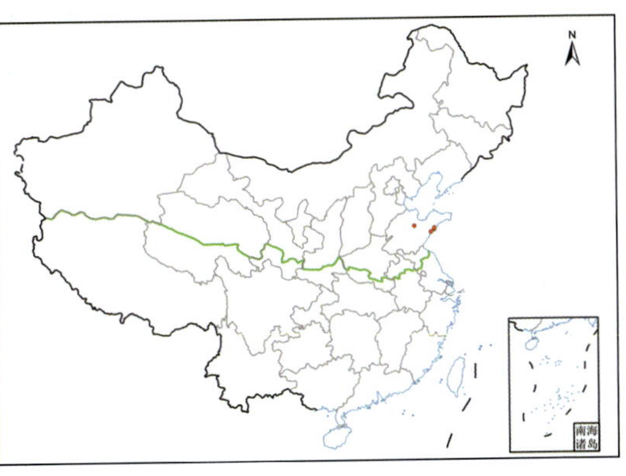

睫毛坚扣草

Hexasepalum teres **(Walter) J. H. Kirkbr.**

1. 一年生草本，生于林缘、河边、荒地；2. 茎直立或斜伸，分枝多；3. 叶纸质，无柄，线状披针形，花单生于叶腋，无梗；4. 花冠粉红色，近漏斗形，顶部 4 裂；5. 托叶鞘顶端截平，具浅黄色长刺毛数条；蒴果倒卵形。

（图 1 王克；图 2 吕志学；图 3~5 赵宏 摄）

tián qiàn

057 田茜 | 野茜、雪亚迪草

Sherardia arvensis L.

茜草科 Rubiaceae 田茜属 *Sherardia*

识别特征 一年生草本。茎四棱形，多分枝。叶 4 ~ 6 片假轮生，披针形。头状聚伞花序顶生或腋生，花序下部具由 6 ~ 8 枚苞片基部合生而成的总苞；花小，花冠漏斗状，粉红色至紫色。小坚果卵球形，种子肾形。

物 候 期 花期 4—6 月，果期 6—9 月。

生　　境 草地、湿地、农田、城镇。

原 产 地 欧洲、地中海至西亚。

进入时间 1999 年。

进入地点 中国台湾。

进入途径 无意引入。

危害方式 农田、果园、绿地杂草。

北方分布记录及国内其他分布 **河北：**邯郸（丛台）、张家口（桥东）。

华东（苏南、浙、台）、华中（湘）、华南（粤）、西南（川、滇）。

全球分布 亚洲、大洋洲、非洲、北美洲和南美洲。

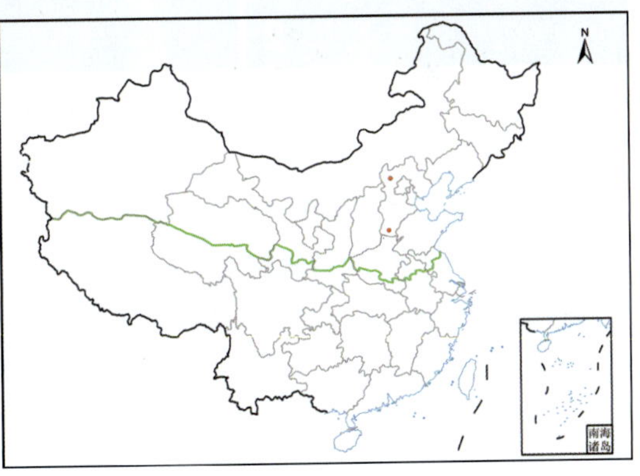

057 田茜

田茜

***Sherardia arvensis* L.**

1. 一年生草本，生于草坪、牧场、路旁、河边；2. 根细弱，橙红色，具匍匐茎，多分枝；3. 茎四棱形，叶 4 ~ 6 片假轮生，无柄，叶片披针形；4. 头状聚伞花序顶生或腋生，花序下部具由 6 ~ 8 枚苞片基部合生而成的总苞，花小，花冠漏斗状，紫色。

（图 1~4 朱鑫鑫 摄）

yuán yě tù sī zǐ

058 原野菟丝子 | 田野菟丝子、野地菟丝子

Cuscuta campestris Yunck.

旋花科 Convolvulaceae 菟丝子属 *Cuscuta*

识别特征 一年生寄生草本。茎细丝状，光滑，有分枝，黄绿色，缠绕，无叶。圆锥花序球形，有花 4~18 朵；花萼碗状，黄色；花冠坛状，白色，裂片顶部稍向内弯，花后常反折；雄蕊 4~5，花柱 2。蒴果近球形，顶部微凹，成熟时不规则开裂。种子 3 或 4，卵形，褐色。常寄生在苜蓿、胡萝卜、一串红、葎草、旋花等植物上。

物候期 花期 7—8 月，果期 7—9 月。

生境 灌丛、湿地、农田、城镇。

原产地 北美洲。

进入时间 1958 年。

进入地点 新疆吐鲁番。

进入途径 无意引入。

危害方式 农田、果园、绿地杂草。

北方分布记录及国内其他分布 **吉林：**长春（南关）；**辽宁：**沈阳（沈河）；**内蒙古：**阿拉善（额济纳）；**山东：**泰安（岱岳）；**北京：**海淀；**新疆：**吐鲁番（鄯善、托克逊）。

华东（赣、浙、闽、台）、华中（湘、贵）、华南（粤、港）、西南（川、藏）。

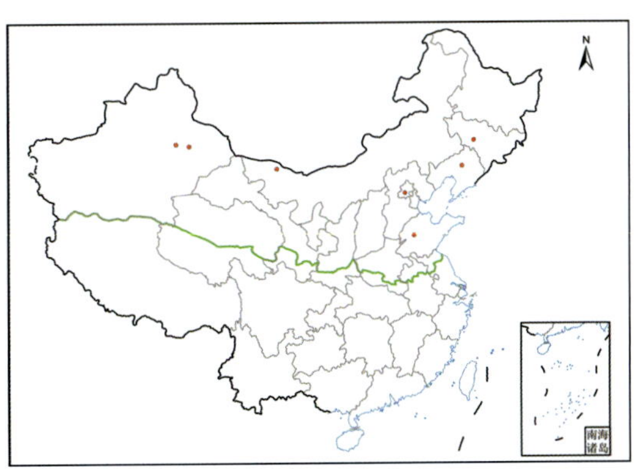

全球分布 亚洲、大洋洲、欧洲、非洲、北美洲和南美洲。

原野菟丝子

***Cuscuta campestris* Yunck.**

1. 一年生寄生草本，常见于田间、路旁，寄生在葎草上；2. 茎细丝状，光滑，有分枝，黄绿色，缠绕，无叶；3. 圆锥花序球形，有花 4~18 朵，花冠坛状，白色，裂片花后常反折；4. 蒴果近球形，顶部微凹，成熟时不规则开裂。

（图 1~4 朱鑫鑫 摄）

★ 国家级入侵和检疫标注 ★

菟丝子类（*C.* spp.）于 2013 年被列入《全国林业危险性有害生物名单》。

liú gěng fān shǔ

059 瘤梗番薯

Ipomoea lacunosa L.

旋花科 Convolvulaceae　番薯属 *Ipomoea*

识别特征　一年生草本。茎缠绕，多分枝，被稀疏的疣基毛。叶互生，叶宽卵形，全缘或3裂，基部心形，先端具尾状尖，腹面粗糙，背面光滑，叶缘具1~3个拐角状齿。聚伞花序腋生，具花1~3朵；花梗具明显棱，有瘤状突起；花冠漏斗状，无毛，多白色，有时淡红色或淡紫红色，雄蕊内藏，花药紫红色。蒴果近球形，4瓣裂。

物 候 期　花期5—10月，果期8—11月。

生　　境　森林、灌丛、草地、湿地、农田、城镇。

原 产 地　北美洲。

进入时间　1983年。

进入地点　浙江台州。

进入途径　有意引入。

危害方式　农田、果园、绿地杂草。

北方分布记录及国内其他分布　**山东：**济宁（泗水、邹城）；**河北：**秦皇岛（海港）；**天津：**滨海、宁河。

华东（苏南、皖南、赣、浙、闽、沪、台）、华中（豫南、湘）、华南（桂）。

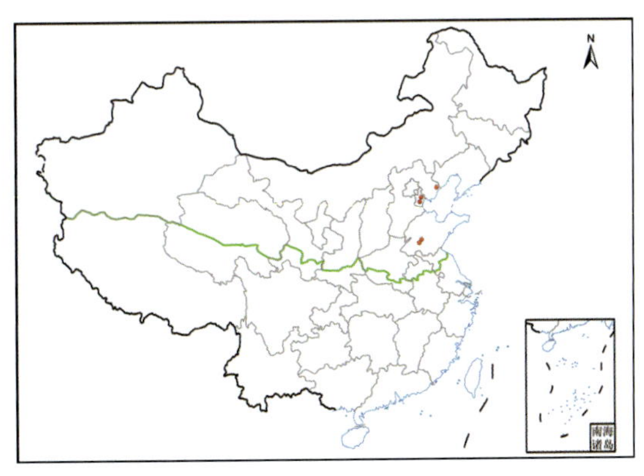

全球分布　亚洲、欧洲、北美洲和南美洲。

瘤梗番薯

***Ipomoea lacunosa* L.**

1. 一年生草本，生于荒地、田边、山坡、林缘；2. 茎缠绕，多分枝，叶互生，宽卵形，全缘或 3 裂，基部心形，先端具尾状尖，腹面粗糙，背面光滑，叶缘具 1~3 个拐角状齿；3. 聚伞花序腋生，具花 1~3 朵，花梗具明显棱，有瘤状突起；4. 花冠漏斗状，无毛，多白色，有时淡红色或淡紫红色，雄蕊内藏，花药紫红色；5. 蒴果近球形，4 瓣裂；6. 果实侧面，可见果梗密布瘤状突起。

（图 1~6 周达康 摄）

qiān niú

060 牵牛 | 勤娘子、喇叭花、筋角拉子、大牵牛花

Ipomoea nil（L.）Roth

旋花科 Convolvulaceae 番薯属 *Ipomoea*

识别特征 一年生草本。茎缠绕，茎上被倒向短柔毛，杂有倒向或开展长硬毛。叶宽卵形，多3~5裂，先端渐尖，基部心形；花常单朵腋生，或两朵生于花序梗顶端；苞片线形；萼片披针状线形，密被开展刚毛；花冠蓝紫色或紫红色，雄蕊及花柱内藏，子房3室。蒴果近球形；种子卵状三棱形，黑褐色或米黄色。

物 候 期 花果期6—10月。

生　　境 森林、灌丛、草地、湿地、农田、城镇。

原 产 地 北美洲、南美洲。

进入时间 1951年。

进入地点 江苏。

进入途径 有意引入，栽培以供观赏。

危害方式 农田、果园、绿地杂草。

北方分布记录及国内其他分布 **黑龙江：**哈尔滨（香坊）、大兴安岭（加格达奇）、齐齐哈尔、七台河（勃利）；**吉林：**长春（朝阳）、通化（集安）；**辽宁：**鞍山（千山）、本溪（桓仁、平山）、大连（金州、甘井子、沙河口、瓦房店）、丹东（东港、宽甸、振兴）、抚顺（顺城）、锦州（北镇）、沈阳（大东、沈北）、铁岭（昌图、银州）；**内蒙古：**赤峰（克什克腾、宁城）、呼和浩特（赛罕）；**山东：**滨州（邹平）、东营（东营）、菏泽（成武、牡丹）、济南（长清、莱芜、历城、历下、平阴、市中、天桥、章丘）、济宁（曲阜、任城）、临沂（沂水）、青岛（即墨、崂山、市南）、日照（东港、莒县）、泰

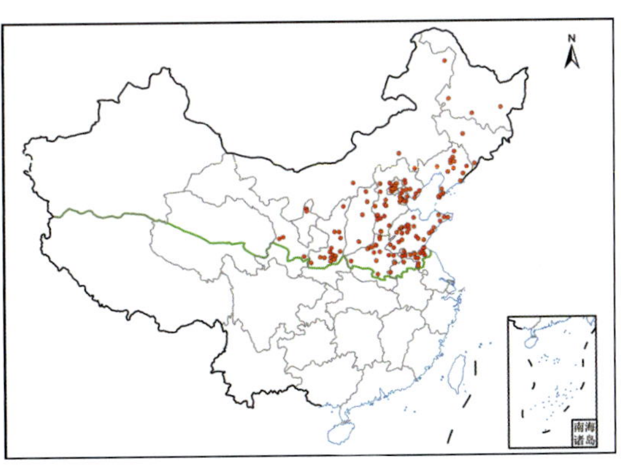

安（岱岳）、威海（荣成、乳山、文登）、潍坊（青州）、烟台（莱山）、淄博（博山、周村）；**江苏：**连云港（东海、灌南、灌云、海州、连云）、宿迁（泗洪、宿城、宿豫）、徐州（贾汪、铜山、新沂、云龙）；**河北：**保定（阜平、莲池、满城、易县）、承德（承德、双桥、兴隆）、邯郸（丛台、复兴、邯山）、衡水（枣强）、秦皇岛（昌黎、海港）、石家庄（鹿泉、新华、辛集、赞皇、赵县）、唐山（迁西、曹妃甸、玉田）、张家口（桥东、桥西、阳原）；**天津：**宝坻、北辰、滨海、东丽、河北、河东、和平、河西、红桥、蓟州、津南、静海、南开、宁河、武清、西青；**北京：**房山、昌平、朝阳、大兴、东城、海淀、怀柔、门头沟、密云、石景山、顺义、通州、西城、延庆；**安徽：**亳州（谯城）、阜阳（临泉）、淮北（烈山）、宿州（砀山、泗县）；**河南：**安阳（北关、龙安、汤阴）、焦作（博爱、沁阳、山阳、修武）、开封、三门峡（卢氏）、商丘（宁陵、虞城）、新乡（凤泉、辉县）、许昌、郑州（中原）、驻马店（确山）；**山西：**大同（云冈）、晋城（沁水）、太原（阳曲）、忻州（繁峙）；**陕西：**宝鸡（凤县、眉县）、铜川、渭南（大荔、富平、临渭）、西安（灞桥、长安、高陵、未央、雁塔）、咸阳（杨陵）、延安（宝塔、延长、宜川）、榆林（神木）；**甘肃：**兰州（安宁）、临夏（永靖）、天水；**宁夏：**银川（金凤、西夏、永宁）。

华东（苏南、皖南、赣、浙、闽、沪、台）、华中（豫南、鄂、湘、贵）、华南（粤、桂、琼、港、澳）、西南（陕南、川、渝、滇、藏、甘南）。

全球分布 亚洲、大洋洲、欧洲、非洲、北美洲和南美洲。

牵牛

***Ipomoea nil*（L.）Roth**

1. 一年生草本，生于田边、路旁、河谷等地；2、3. 茎缠绕，叶宽卵形，多 3~5 裂，先端渐尖，基部心形；4. 花常单朵腋生，苞片线形，萼片披针状线形，密被开展刚毛；5. 花冠蓝紫或紫红色，雄蕊及花柱内藏。

（图 1、2、4、5 周达康；图 3 李飞飞 摄）

yuán yè qiān niú

061 圆叶牵牛 | 牵牛花、喇叭花、连簪簪、打碗花

Ipomoea purpurea（L.）Roth

旋花科 Convolvulaceae 番薯属 *Ipomoea*

识别特征 一年生缠绕草本。茎上被倒向的短柔毛，杂有倒向或开展的长硬毛。叶圆心形，两面被刚伏毛。花腋生，单一或 2~5 朵着生于花序梗顶端成聚伞花序，苞片线形，被开展的长硬毛；萼片 5，近等长，长椭圆形，渐尖；花冠紫红色、红色或白色；雄蕊与花柱内藏。蒴果近球形；种子卵状三棱形，黑褐色或米黄色。

与牵牛的区别：圆叶牵牛萼片长椭圆形，牵牛萼片披针状线形。

物候期 花期 6—9 月，果期 9—10 月。

生境 森林、灌丛、草地、湿地、农田、城镇。

原产地 北美洲、南美洲。

进入时间 1929 年。

进入地点 上海。

进入途径 有意引入，栽作观赏花卉。

危害方式 农田、果园、绿地杂草。

北方分布记录及国内其他分布 **黑龙江：**大庆（让胡路）、哈尔滨（巴彦、南岗、尚志、香坊）、黑河（北安、五大连池）、鸡西（鸡东）、佳木斯（向阳）、牡丹江（东宁）、齐齐哈尔（讷河）、七台河（勃利）、伊春（南岔、伊美）；**吉林：**白山（长白、浑江）、长春（公主岭、南关）、辽源（东丰、龙山）、吉林（丰满）、通化（梅河口）、延边（安图、敦化、和龙）；**辽宁：**鞍山（千山）、本溪（桓仁、平山）、朝阳（建平、喀喇沁左、龙城）、

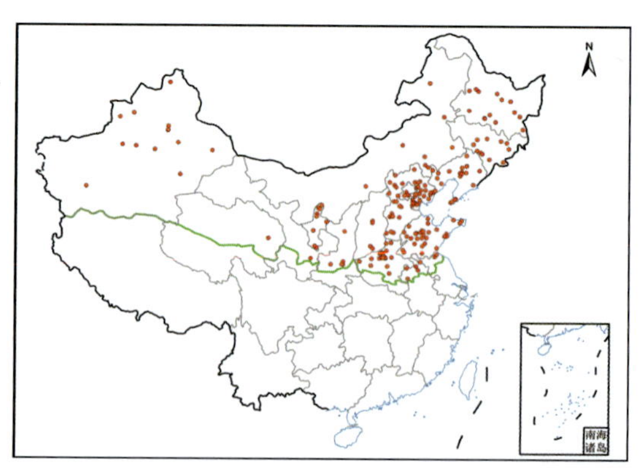

大连（金州、甘井子、旅顺口、中山）、丹东（元宝）、抚顺（顺城、新抚）、葫芦岛（兴城）、锦州（北镇）、辽阳（宏伟、辽阳、太子河）、沈阳（于洪）、铁岭（昌图）；**内蒙古：**赤峰（红山、翁牛特、元宝山）、呼和浩特（和林格尔）、呼伦贝尔（牙克石）、通辽（科尔沁）、锡林郭勒（锡林浩特）、兴安（乌兰浩特）；**山东：**滨州（邹平）、德州（陵城）、东营（东营、河口）、菏泽（定陶、牡丹）、济南（莱芜、历城、历下、平阴、市中、章丘）、聊城（东昌府、临清）、临沂（蒙阴、平邑）、青岛（即墨、李沧、崂山）、日照（岚山）、泰安（宁阳、泰山）、潍坊（昌邑、青州）、威海（环翠、文登）、烟台（芝罘）、枣庄（市中）、淄博（博山、沂源、周村）；**江苏：**连云港（海州、连云）、徐州（铜山）；**河北：**保定（涞源、莲池、满城、易县）、承德（承德、宽城、滦平、双滦、围场、兴隆、鹰手营子）、邯郸（复兴、涉县、武安）、秦皇岛（北戴河、昌黎、抚宁、海港、山海关）、石家庄（井陉、灵寿、鹿泉、新华、辛集）、唐山（开平、迁西、曹妃甸、玉田、遵化）、张家口（赤城、沽源、桥东、桥西、尚义、宣化、阳原、涿鹿）；**天津：**宝坻、北辰、滨海、东丽、河北、河东、和平、河西、红桥、蓟州、津南、静海、南开、宁河、武清、西青；**北京：**昌平、朝阳、海淀、门头沟；**安徽：**亳州、阜阳、淮北、宿州；**河南：**安阳（北关、林州、龙安）、焦作（博爱、马村、山阳、修武）、开封（龙亭）、洛阳（嵩县）、三门峡（灵宝、义马）、新乡（辉县）、许昌、郑州（巩义、管城、惠济、金水、上街、荥阳）、驻马店（西平）；**山西：**晋城（沁水、阳城）、太原（尖草坪、晋源）；**陕西：**宝鸡（眉县）、延安（安塞）、西安（灞桥、高陵、未央）；**甘肃：**天水；**青海：**海南（贵德）；**宁夏：**固原（泾源、隆德）、吴忠（同心、盐池）、石嘴山（大武口、惠农、平罗）、银川（兴庆、永宁）；**新疆：**阿克苏（新和）、阿勒泰（哈巴河）、巴音郭楞（轮台、焉耆）、博尔塔拉（精河）、哈密（伊州）、和田（和田）、吐鲁番（高昌、鄯善）、乌鲁木齐（沙依巴克、新市）、五家渠、伊犁（伊宁）。

华东（苏南、皖南、赣、浙、闽、沪）、华中（豫南、鄂、湘、贵）、华南（粤、桂、港）、西南（陕南、川、渝、滇）。

全球分布　亚洲、大洋洲、欧洲、非洲、北美洲和南美洲。

圆叶牵牛

Ipomoea purpurea（L.）Roth

1. 一年生缠绕草本，生于田边、路旁等开放环境；2. 叶圆心形，两面被刚伏毛；3~5. 花冠红色、紫红色或白色，萼片 5，近等长，长椭圆形，渐尖；6. 蒴果近球形。

（图 1、3、4 李飞飞；图 2、5、6 周达康 摄）

★ 国家级入侵和检疫标注 ★

圆叶牵牛于 2014 年被列入《中国外来入侵物种名单（第三批）》。

běi měi cì lóng kuí

062 北美刺龙葵 | 北美刺茄、北美水茄

Solanum carolinense L.

茄科 Solanaceae 茄属 *Solanum*

识别特征 多年生草本植物，直立，分枝松散。茎上有淡黄色的刺，具星状短绒毛。叶片长椭圆形，具不规则波状齿，叶两面均有淡黄色星状短毛。蝎尾状聚伞花序，花梗有刺；花冠紫色，偶有白色。浆果球状，成熟时呈淡黄色到橘色，表面有皱纹；种子倒卵形，扁平。

物候期 花期7—9月，果期8—10月。

生境 草地、湿地、农田、城镇。

原产地 美国东南部。

进入时间 2006年。

进入地点 浙江。

进入途径 随饲料、干草等无意中引入。

危害方式 农田杂草。

北方分布记录及国内其他分布 **辽宁**：大连（金州）；**山东**：青岛（黄岛）；**江苏**：连云港（连云）；**河北**：唐山（路南）。

华东（浙、沪）。

全球分布 亚洲、大洋洲、欧洲、非洲、北美洲和南美洲。

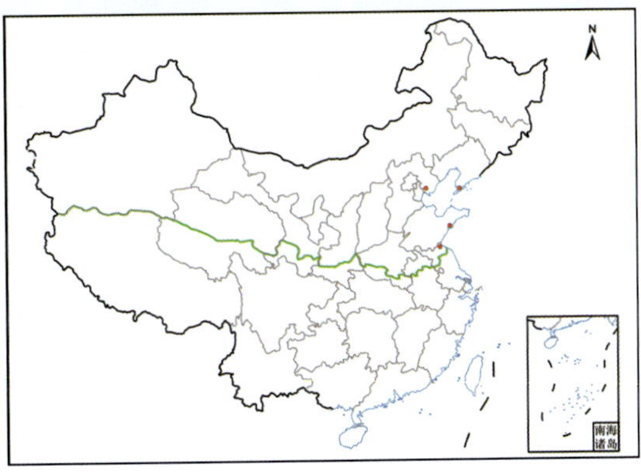

北美刺龙葵

***Solanum carolinense* L.**

1. 多年生草本植物，生于农田、园林绿地、花园、废弃地；2. 叶片长椭圆形，具不规则波状齿，两面有淡黄色星状短毛，叶背面叶脉具皮刺；3. 蝎尾状聚伞花序，花梗有刺；4. 花冠紫色，偶有白色；5. 浆果球状，成熟时呈淡黄色到橘色，表面有皱纹。

（图 1~5 张淑梅 摄）

★ 国家级入侵和检疫标注 ★

北美刺龙葵作为危险性杂草被收录在《中华人民共和国进境植物检疫性有害生物名录》。

yín máo lóng kuí

063 银毛龙葵 | 银叶茄

Solanum elaeagnifolium Cav.

茄科 Solanaceae 茄属 *Solanum*

识别特征 多年生草本植物，通体密被银白色星状柔毛。茎直立，圆柱形，疏被直刺；地下根系发达，向外扩展可达 3 m，常形成克隆分株。单叶，互生，椭圆状披针形。总状聚伞花序，花冠蓝色至蓝紫色，稀白色。浆果圆球形，成熟时表面光滑；种子灰褐色。

物候期 花期 5—8 月，果期 7—9 月。

生境 草地、湿地、农田、城镇。

原产地 北美洲。

进入时间 2002 年。

进入地点 中国台湾。

进入途径 随饲料、干草等无意中引入。

危害方式 农田、果园、绿地杂草。

北方分布记录及国内其他分布 **山东：**济南（历城、天桥）；**河北：**邯郸（丛台）；**陕西：**咸阳（礼泉、武功、兴平）。

华东（台）

全球分布 亚洲、大洋洲、欧洲、非洲、北美洲和南美洲。

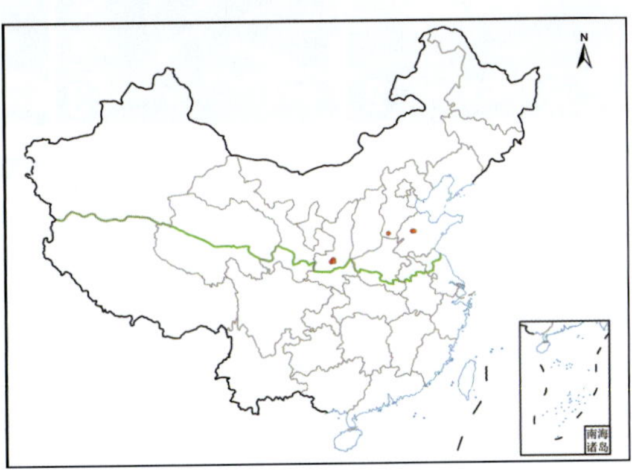

银毛龙葵

***Solanum elaeagnifolium* Cav.**

1. 多年生草本植物，通体密被银白色星状柔毛，生于草地、牧场、田间；2. 茎直立，圆柱形，疏被直刺；3、4. 单叶互生，椭圆状披针形，总状聚伞花序，花冠蓝色至蓝紫色，稀白色；5. 浆果圆球形，成熟时表面光滑。

（图 1~5 周立新 摄）

★ 国家级入侵和检疫标注 ★

银毛龙葵作为危险性杂草被收录在《中华人民共和国进境植物检疫性有害生物名录》。

huáng huā cì qié

064 黄花刺茄 | 刺萼龙葵、壶萼刺茄

Solanum rostratum **Dunal**

茄科 Solanaceae 茄属 *Solanum*

识别特征 一年生草本植物。茎直立，基部稍木质化，株型似灌木。叶互生，密被刺及星状毛；叶片不规则二回羽状分裂，裂片圆钝，叶脉和叶柄上均有黄色刺。蝎尾状聚伞花序腋外生，花期花序轴伸长变成总状花序；花萼密生长刺及星状毛；花冠黄色，辐状。浆果球形，成熟时黄褐色，此时萼片直立靠拢成鸟喙状；种子黑色。

物候期 花果期6—9月。

生境 草地、湿地、农田、城镇。

原产地 美国西南部和墨西哥北部。

进入时间 1980年。

进入地点 北京海淀。

进入途径 无意引入。

危害方式 农田、果园、绿地杂草。

北方分布记录及国内其他分布 **黑龙江：**双鸭山（集贤）；**吉林：**白城（洮南、镇赉）、松原（乾安）；**辽宁：**朝阳（朝阳、建平、双塔）、大连（甘井子、旅顺口）、阜新（阜新、清河门）、锦州（北镇）、盘锦（大洼）、沈阳、铁岭；**内蒙古：**巴彦淖尔、包头（固阳）、乌海、赤峰（阿鲁科尔沁、巴林右、巴林左、克什克腾、翁牛特、元宝山）、鄂尔多斯（达拉特）、呼和浩特（和林格尔、赛罕）、通辽（开鲁）、乌兰察布、锡林郭勒

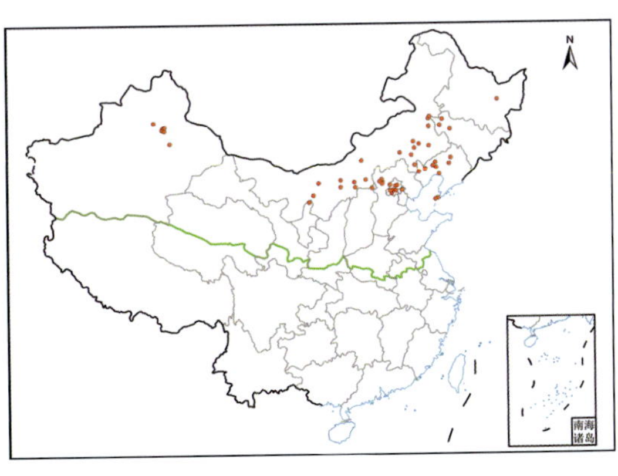

（苏尼特右）、兴安（科尔沁右翼前、突泉、乌兰浩特）；**河北：**张家口（桥东、桥西、万全、宣化）；**天津：**蓟州；**北京：**房山、海淀、怀柔、门头沟、密云、通州、延庆；**山西：**大同（阳高）；**宁夏：**石嘴山（大武口）；**新疆：**昌吉（昌吉）、石河子、吐鲁番（托克逊）、五家渠、乌鲁木齐（头屯河、乌鲁木齐）。

华东（苏南、台）、华中（豫南）、华南（港）、西南（川）。

全球分布 亚洲、大洋洲、欧洲、非洲、北美洲。

黄花刺茄

***Solanum rostratum* Dunal**

1. 一年生草本，生于草地、牧场、田间；2. 茎直立，叶互生，密被刺及星状毛，叶片不规则二回羽状分裂，裂片圆钝，叶脉和叶柄上均有黄色刺；3. 蝎尾状聚伞花序腋外生，花序轴伸长变成总状花序，花萼密生长刺及星状毛；4. 花冠黄色，辐状；5. 浆果球形，成熟时黄褐色，此时萼片直立靠拢成鸟喙状。

（图 1~5 张淑梅 摄）

★ 国家级入侵和检疫标注 ★

黄花刺茄于 2016 年被列入《中国自然生态系统外来入侵物种名单（第四批）》，本种及刺茄（*S. torvum* Swartz）作为危险性杂草被收录在《中华人民共和国进境植物检疫性有害生物名录》。

máo lóng kuí

065 毛龙葵 | 腺龙葵

Solanum sarrachoides Sendtn.

茄科 Solanaceae　茄属 *Solanum*

识别特征　一年生草本，全株密被黏性腺毛。叶卵形，叶缘具浅波状锯齿。伞形聚伞花序，花冠白色。浆果球形，种子黄色。

物 候 期　花果期 6—9 月。
生　　境　草地、湿地、农田、城镇。
原 产 地　南美洲。
进入时间　1981 年。
进入地点　辽宁朝阳。
进入途径　无意引入。
危害方式　农田、果园、绿地杂草，主要危害马铃薯田。

北方分布记录及国内其他分布　**辽宁：**朝阳（朝阳）、铁岭（银州）；**山东：**青岛（市南）、泰安（泰山）、潍坊（奎文）；**北京：**昌平、海淀、门头沟、延庆；**河南：**安阳（文峰）、郑州（新郑）；**宁夏：**吴忠（同心）；**新疆：**塔城（塔城）。

西南（川）。

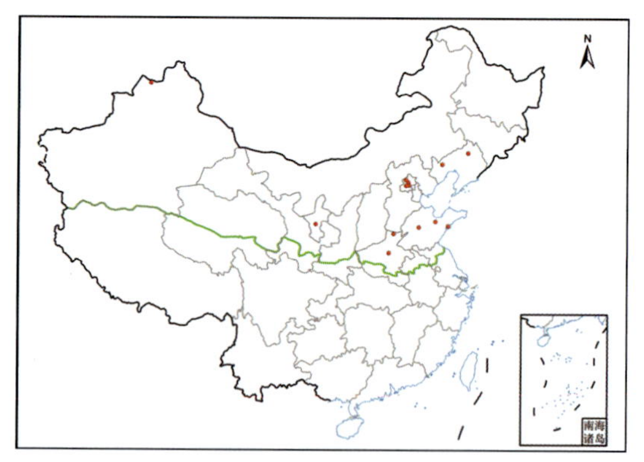

全球分布　亚洲、大洋洲、欧洲、非洲、北美洲和南美洲。

毛龙葵

***Solanum sarrachoides* Sendtn.**

1. 一年生草本，生于草地、牧场、田间；2. 全株密被黏性腺毛，叶卵形，叶缘具浅波状锯齿；3. 伞形聚伞花序；4. 花冠白色；5. 浆果球形。

（图 1~5 张淑梅 摄）

suàn jiè qié

066 蒜芥茄 | 拟刺茄、二裂星毛刺茄

Solanum sisymbriifolium Lam.

茄科 Solanaceae 茄属 *Solanum*

识别特征 一年生草本，茎、叶、花序及花萼外面均被橘黄色的钻形皮刺及长柔毛状腺毛。叶羽状深裂，沿中脉及侧脉着生尖而直的皮刺。蝎尾状花序顶生或侧生，疏具皮刺；花萼杯状，5 裂，裂片卵状披针形，萼筒密具针状皮刺；花冠星形，亮紫色或白色，5 裂，裂片卵形，瓣间连以花瓣间膜；花药卵状，先端延长，顶端有 2 孔。浆果近圆形，成熟后朱红色，几为密被皮刺的膨大的宿萼所包被；种子淡黄色，肾形。

物 候 期 花果期 7—11 月。

生　　境 草地、湿地、农田、城镇。

原 产 地 南美洲。

进入时间 1930 年。

进入地点 广州。

进入途径 有意引入，作为药用植物。

危害方式 农田、果园、绿地杂草。

北方分布记录及国内其他分布 **黑龙江**：绥化（绥棱）；**辽宁**：沈阳；**北京**：海淀。

华东（苏南、赣、浙、沪、台）、华中（鄂）、华南（粤、桂）、西南（滇）。

全球分布 亚洲、大洋洲、欧洲、非洲、北美洲和南美洲。

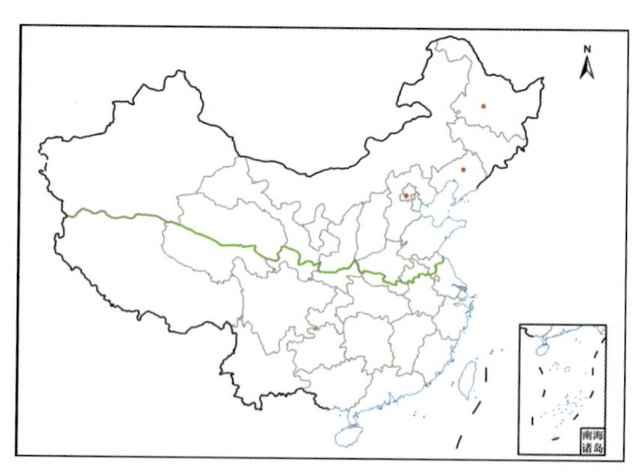

蒜芥茄

Solanum sisymbriifolium **Lam.**

1. 一年生草本，生于草地、牧场、田间；2. 叶羽状深裂，沿中脉及侧脉着生尖而直的皮刺；3. 茎、叶、花序及花萼外面均被橘黄色的钻形皮刺；4. 蝎尾状花序顶生或侧生，疏具皮刺，花萼杯状，5 裂，裂片卵状披针形，萼筒密具针状皮刺；5. 花冠星形，亮紫色或白色，5 裂，裂片卵形，瓣间连以花瓣间膜，花药卵状；6. 浆果近圆形，成熟后朱红色。

（图 1~6 朱鑫鑫 摄）

yǔ liè yè lóng kuí

067 羽裂叶龙葵 | 裂叶茄、三花茄、三花龙葵

Solanum triflorum Nutt.

茄科 Solanaceae 茄属 *Solanum*

识别特征 一年生草本。茎平卧、外倾到斜向上，基部多分枝，圆柱状，绿色，在节上形成不定根。单叶，羽状浅裂到半裂。伞形花序单生于叶腋，花冠白色或淡紫色，基部中央具黄绿色斑。浆果球形，成熟后深绿色。

物 候 期 花果期 7—11 月。

生　　境 草地、湿地、农田、城镇。

原 产 地 北美洲、南美洲。

进入时间 2013 年。

进入地点 内蒙古乌兰察布。

进入途径 无意引入。

危害方式 农田、果园、绿地杂草。

北方分布记录及国内其他分布 **内蒙古：**乌兰察布（四子王）；**甘肃：**兰州（榆中）。

全球分布 亚洲、大洋洲、欧洲、非洲、北美洲和南美洲。

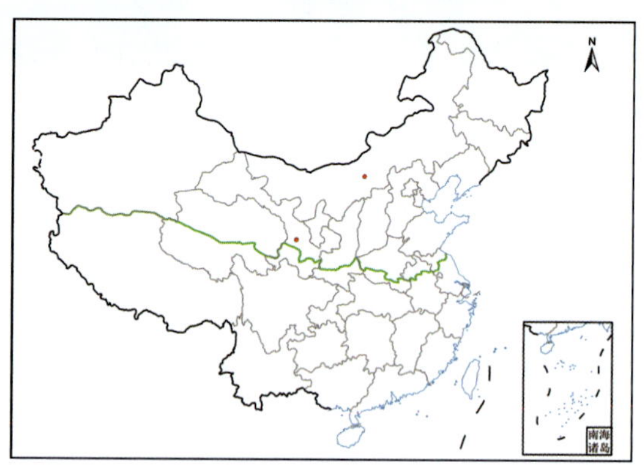

羽裂叶龙葵

***Solanum triflorum* Nutt.**

1. 一年生草本，生于草地、牧场、田间；2. 单叶，羽状浅裂到半裂；3. 伞形花序单生于叶腋；4. 花冠白色或淡紫色，基部中央具黄绿色斑；5. 浆果球形，成熟后深绿色。

（图 1、2、3、5 潘建斌；图 4 魏延丽 摄）

máo guǒ qié

068 毛果茄 | 喀西茄、刺茄子、苦茄子、狗茄子

Solanum viarum **Dunal**

茄科 Solanaceae 茄属 *Solanum*

识别特征 一年生亚灌木状直立草本。茎枝上混生硬毛、腺毛及基部宽扁且显著后弯的钩状皮刺。叶宽卵形，5~7 深裂。蝎尾状总状花序腋外生；花萼钟状，具长缘毛；花冠白色，裂片披针形，具脉纹，反曲。浆果球形，淡黄色；种子淡黄色。

《中国外来入侵植物志》编研团队通过文献追溯和形态学比较，将之前入侵我国的喀西茄（*S. khasianum* C. B. Clarke）鉴定为毛果茄。

物候期 花期 7—8 月，果期 11—12 月。

生境 森林、灌丛、草地、湿地、农田、城镇。

原产地 南美洲巴西、巴拉圭、乌拉圭和阿根廷等地。

进入时间 1960 年。

进入地点 云南。

进入途径 有意引入以供药用。

危害方式 农田、果园、绿地杂草。

北方分布记录及国内其他分布 **北京：** 海淀。

华东（苏南、皖南、赣、浙、闽、台）、华中（鄂、湘、贵）、华南（粤、桂、琼、港）、西南（陕南、川、渝、滇、藏）。

全球分布 亚洲、欧洲、非洲、北美洲和南美洲。

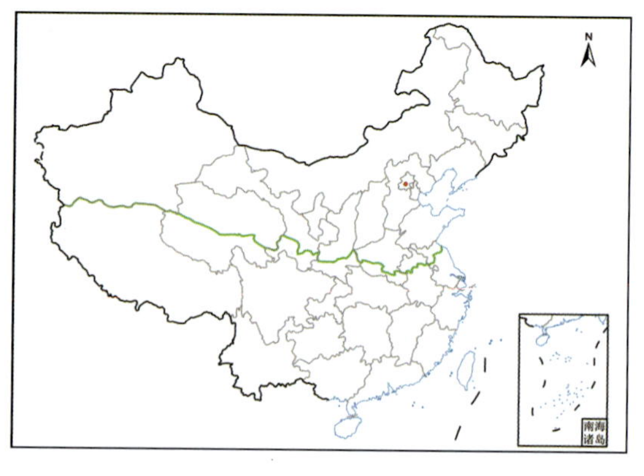

毛果茄

***Solanum viarum* Dunal**

1. 一年生亚灌木状直立草本，生于沟边、路边、荒地、草坡、疏林；2. 茎枝上混生钩状皮刺，叶宽卵形，5~7 深裂；3. 花萼钟状，具长缘毛，花冠白色，裂片披针形，具脉纹，反曲；4、5. 浆果球形，成熟后淡黄色。

（图 1~3 朱鑫鑫；图 4 吴棣飞；图 5 薛凯 摄）

★ 国家级入侵和检疫标注 ★

毛果茄于 2016 年以喀西茄（*S. aculeatissimum* Jacquin，异名 *S. khasianum* C. B. Clarke）之名被列入《中国自然生态系统外来入侵物种名单（第四批）》。

jiǎ suān jiāng

069 假酸浆 | 鞭打绣球、冰粉、大千生、蓝花天仙子

***Nicandra physalodes*（L.）Gaertn.**

茄科 Solanaceae 假酸浆属 *Nicandra*

识别特征 一年生草本。茎直立、无毛。叶互生，椭圆形，具粗齿或浅裂。花单生叶腋，俯垂；花萼钟状，5深裂近基部，裂片宽卵形，果时增大成5棱状，宿存；花冠钟状，淡蓝色，冠檐5浅裂。浆果球形，黄褐色，为宿萼包被；种子肾状盘形，淡褐色。

假酸浆种子为制作冰粉的原料。

物候期 花果期夏秋季。

生境 草地、湿地、农田、城镇。

原产地 南美洲秘鲁。

进入时间 1919年。

进入地点 云南昆明。

进入途径 有意引入，作为食用、药用植物。

危害方式 农田、果园、绿地杂草。

北方分布记录及国内其他分布 **黑龙江：**哈尔滨（松北、五常、香坊、依兰）、鸡西（鸡东）、齐齐哈尔、伊春；**吉林：**白城（通榆）、白山（浑江）、长春（南关）、吉林（舒兰）、延边（延吉）；**辽宁：**本溪（桓仁、平山）、朝阳（朝阳）、大连（甘井子、庄河）、丹东（东港、凤城）、抚顺（顺城）、锦州（北镇）、沈阳（和平、浑南）、铁岭（昌图）；**内蒙古：**赤峰（红山、元宝山）；**山东：**济南（长清、莱芜、天桥、章丘）、菏泽（成武、

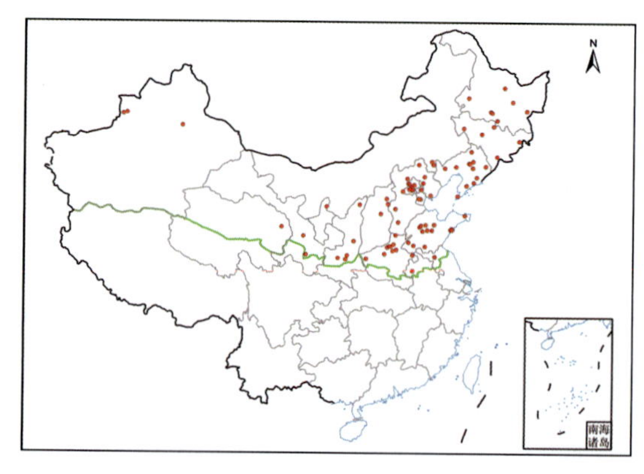

牡丹)、青岛(崂山、市北、市南)、潍坊(青州)、泰安(泰山)、威海(文登)、枣庄(薛城)、淄博(沂源);**江苏:**宿迁(宿城);**河北:**承德(承德、围场、兴隆)、石家庄(平山)、唐山(曹妃甸)、邢台、张家口(赤城、涿鹿);**天津:**河西、蓟州、西青;**北京:**昌平、东城、丰台、海淀、怀柔、门头沟、延庆;**安徽:**阜阳(颍州);**河南:**安阳(北关)、焦作(博爱、马村、修武)、开封(顺河)、三门峡(卢氏)、商丘(夏邑)、新乡(辉县)、郑州(登封、中牟);**山西:**太原(迎泽)、忻州(繁峙、五台);**陕西:**西安(高陵、雁塔)、咸阳(杨陵)、延安(黄龙)、榆林(神木);**甘肃:**定西(岷县)、兰州(榆中);**宁夏:**银川(兴庆);**青海:**西宁;**新疆:**乌鲁木齐、伊犁(察布查尔、伊宁)。

华东(皖南、赣、浙、闽、沪、台)、华中(鄂、湘、贵)、华南(粤、桂、琼)、西南(陕南、川、渝、滇、藏、青南)。

全球分布 亚洲、大洋洲、欧洲、非洲、北美洲和南美洲。

假酸浆

***Nicandra physalodes*（L.）Gaertn.**

1. 一年生草本，生于田边、荒地、住宅区；2. 茎直立、无毛；3. 叶互生，椭圆形，具粗齿或浅裂；4. 花单生叶腋，花萼钟状，裂片宽卵形，花冠钟状，淡蓝色，冠檐 5 浅裂；5. 浆果球形，为宿萼包被。

（图 1、3~5 周达康；图 2 李飞飞 摄）

máo màn tuó luó

070 毛曼陀罗 | 软刺曼陀罗、北洋金花

Datura innoxia Mill.

茄科 Solanaceae　曼陀罗属 *Datura*

识别特征　一年生直立草本或亚灌木状草本，全株密被细腺毛和短柔毛。叶片阔卵形，全缘而微波状。花单生于枝杈间或叶腋，花萼圆筒状而不具棱角，向下渐稍膨大，5 裂；花冠长漏斗状，下部带淡绿色，上部白色，花开放后呈喇叭状，边缘有 10 尖头。蒴果俯垂，卵球状，密生细针刺，全果亦密生白色柔毛，成熟后淡褐色，由近顶端不规则开裂。种子扁肾形，褐色。

物候期　花果期 6—11 月。

生　境　草地、湿地、农田、城镇。

原产地　美国西南部至墨西哥。

进入时间　1905 年。

进入地点　北京海淀。

进入途径　有意引入，作为观赏、药用植物。

危害方式　农田、果园、绿地杂草。

北方分布记录及国内其他分布　**黑龙江：**大庆（龙凤）、哈尔滨（香坊）、牡丹江（东宁）、齐齐哈尔；**吉林：**松原（长岭）、通化（东昌）；**辽宁：**大连、沈阳（沈河）；**山东：**菏泽（成武、牡丹）、济南（长清、槐荫、莱芜、历城、历下、平阴、市中、章丘）、济宁（曲阜、泗水、微山、邹城）、青岛（崂山）、泰安（岱岳、泰山）、潍坊（坊子、青州）、威海（环翠）、枣庄（市中）、淄博（周村）；**河北：**邯郸（邯山）、衡水（桃城）、张家口

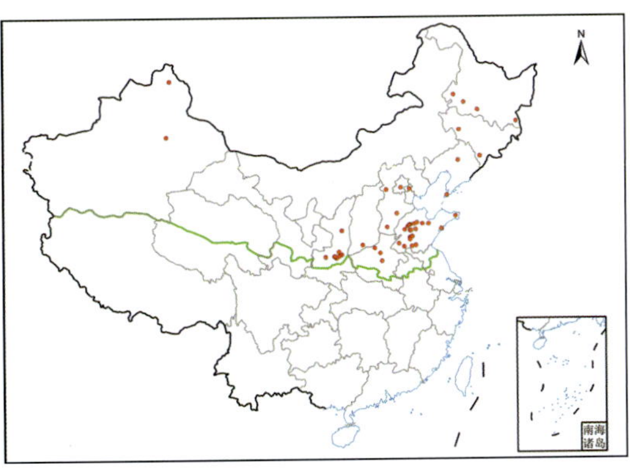

（蔚县）；**天津：**蓟州；**北京：**海淀；**河南：**焦作（博爱）、许昌、郑州（管城）；**山西：**运城（垣曲）；**陕西：**宝鸡（眉县）、渭南（富平、临渭）、西安（临潼、雁塔）、咸阳（秦都、渭城）、延安；**新疆：**阿尔泰、吐鲁番（高昌）。

华东（苏南、皖南、浙、沪）、华中（豫南、鄂、湘）、华南（桂）、西南（川、滇）。

全球分布　亚洲、大洋洲、欧洲、非洲、北美洲和南美洲。

毛曼陀罗

***Datura innoxia* Mill.**

1. 一年生直立草本或亚灌木状草本，生于村边、路旁；2. 全株密被细腺毛和短柔毛，叶片阔卵形，全缘而微波状；3. 花单生于枝杈间或叶腋，花萼圆筒状而不具棱角，花冠长漏斗状，下半部带淡绿色，上部白色；4. 蒴果俯垂，卵球状，密生细针刺；5. 果实成熟后淡褐色，由近顶端不规则开裂。

（图 1~5 郝强 摄）

màn tuó luó

071 曼陀罗 | 醉心花、闹羊花、野麻子、洋金花

Datura stramonium L.

茄科 Solanaceae 曼陀罗属 *Datura*

识别特征 一年生亚灌木状直立草本。叶宽卵形，先端渐尖，基部不对称楔形，具不规则波状浅裂，裂片具短尖头。花直立，萼筒具5棱，基部稍肿大，裂片三角形；花冠漏斗状，下部淡绿色，上部白色或淡紫色。蒴果直立，卵圆形，被坚硬针刺或无刺，成熟后淡黄色，规则4瓣裂；种子卵圆形，稍扁，黑色。

与毛曼陀罗的区别：本种果实直立生，规则4瓣裂，花萼筒部有5棱角，花冠短于11 cm；毛曼陀罗果实横向或俯垂生，不规则4瓣裂，花萼筒部呈圆筒状，不具5棱角，花冠长于11 cm。

物候期 花期6—10月，果期7—11月。

生　境 草地、湿地、农田、城镇。

原产地 墨西哥。

进入时间 1906年。

进入地点 北京昌平。

进入途径 有意引入，作为观赏和药用植物。

危害方式 农田、果园、绿地杂草。

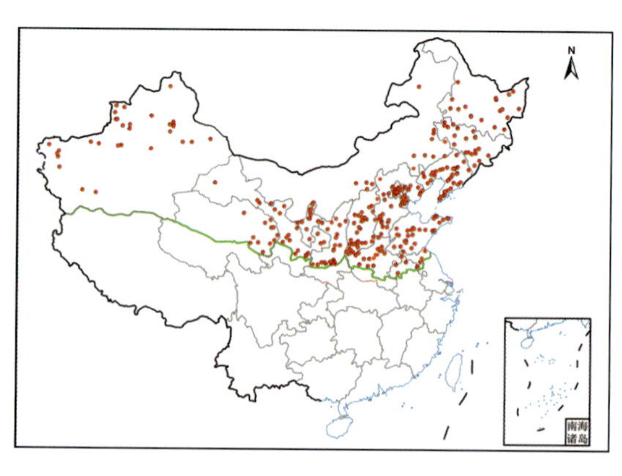

北方分布记录及国内其他分布 **黑龙江：**大庆（杜尔伯特、龙凤）、哈尔滨（道里、尚志、香坊）、黑河（嫩江）、鸡西（虎林、鸡东）、佳木斯（富锦、前进、同江、向阳）、牡丹江（东宁、宁安）、齐齐哈尔（富裕）、七台河（勃利、新兴）、绥化（青冈）；**吉林：**白

城（大安、洮北、洮南）、白山（抚松、浑江）、长春（南关）、吉林（昌邑、船营、丰满、桦甸、磐石、舒兰）、辽源（东丰、龙山、西安）、四平（双辽）、松原（长岭、前郭尔罗斯）、通化（辉南、通化）；**辽宁：**鞍山（海城、千山、岫岩）、本溪（本溪、桓仁、平山、溪湖）、朝阳（朝阳、建平、喀喇沁左、凌源）、大连（长海、甘井子、金州、旅顺口、普兰店、沙河口、瓦房店、中山、庄河）、丹东（东港、凤城）、抚顺（清原、顺城、新抚）、阜新（彰武）、葫芦岛（绥中、兴城）、锦州（北镇、黑山、太和、义县）、辽阳（太子河）、沈阳（大东、浑南、沈河、于洪）、铁岭（昌图）、营口（老边）；**内蒙古：**阿拉善（阿拉善右）、赤峰（喀喇沁、翁牛特）、呼和浩特（土默特左）、呼伦贝尔（牙克石）、通辽（科尔沁左翼后、科尔沁左翼中、奈曼、扎鲁特）、乌兰察布（丰镇、集宁、兴和）、兴安（科尔沁右翼中、突泉）；**山东：**滨州（邹平）、菏泽（定陶）、济南（莱芜、历城、历下、平阴、章丘）、济宁（金乡、曲阜、兖州、邹城）、聊城（东阿、高唐）、临沂（费县）、青岛（崂山、李沧、市南）、泰安（泰山）、潍坊（坊子、青州）、威海（环翠、荣成）、烟台（海阳、龙口、牟平、蓬莱、招远）、枣庄（市中）、淄博（周村）；**江苏：**连云港（赣榆、海州）、宿迁（沭阳、泗洪、泗阳）、徐州（沛县）；**河北：**保定（涞源、莲池、易县）、承德（承德、兴隆）、邯郸（磁县）、衡水（冀州、桃城）、秦皇岛（北戴河、昌黎、海港、青龙）、石家庄（井陉、鹿泉、平山、行唐、赞皇）、唐山（迁西）、邢台（巨鹿、内丘）、张家口（蔚县、张北、涿鹿）；**天津：**宝坻、北辰、滨海、东丽、河北、河东、和平、河西、红桥、蓟州、津南、静海、南开、宁河、武清、西青；**北京：**昌平、朝阳、大兴、东城、房山、丰台、海淀、怀柔、门头沟、密云、平谷、石景山、顺义、通州、西城、延庆；**安徽：**亳州（谯城）、阜阳（颍东）、淮北（烈山）、宿州（砀山）；**河南：**安阳（林州）、济源、焦作（武陟、修武）、开封（兰考）、洛阳（嵩县、伊川）、三门峡（灵宝、卢氏、陕州）、新乡（封丘、红旗、辉县、获嘉、原阳）、郑州（登封、惠济、金水）；**山西：**长治（平顺）、大同（灵丘）、晋城（陵川、沁水、泽州）、晋中（介休、榆次）、临汾（洪洞、侯马、曲沃、隰县、乡宁、尧都、翼城）、吕梁（交城、柳林、孝义、兴县）、太原（古交、晋源、娄烦、清徐、小店、迎泽）、忻州（代县、繁峙、河曲、静乐、五台）、阳泉（平定）、运城（河津、稷山、绛县、临猗、平陆、芮城、新绛、盐湖、永济、垣曲）；**陕西：**宝鸡（凤县、眉县、太白）、铜川（宜君、印台）、西安（灞桥、长安、高陵、蓝田、临潼、未央、雁塔、周至)、咸阳(秦都、渭城、杨陵)、延安(宝塔、甘泉、黄陵、黄龙、吴起、子长)、榆林(定边、横山、靖边、绥德);**甘肃:**白银(靖远)、定西(陇西、岷县)、金昌(永昌)、酒泉(敦煌)、兰州(安宁、皋兰、榆中)、临夏(临夏)、庆阳(合水、环县、西峰)、天水(麦积、秦州、清水)、武威(凉州、民勤)、张掖(甘州、临泽);**宁夏:**固原(原州)、石嘴山(大武口、惠农)、吴忠(利通、青铜峡、同心、盐池)、银川(金凤、灵武、西夏、永宁)、中卫(沙坡头、中宁);**青海:**海北(海晏、门源、祁连)、海东(民和、循化)、海南(贵德、贵南、同德)、黄南(河南、尖扎、同仁)、西宁(城北、城西);**新疆:**阿克苏(库车、温宿、乌什、新和)、阿勒泰(布尔津)、巴音郭楞(焉耆)、博尔塔拉(博乐、温泉)、昌吉(昌吉)、哈密(巴里坤)、和田(和田、于田)、喀什(喀什、莎车、英吉沙)、克孜勒苏(阿克陶、乌恰)、吐鲁番(高昌、鄯善)、乌鲁木齐(米东、沙依巴克、水磨沟、天山、头屯河、乌鲁木齐)、伊犁(察布查尔、巩留、霍城、奎屯、尼勒克、新源、伊宁)。

华东(苏南、皖南、赣、浙、闽、沪、台)、华中(豫南、鄂、湘、贵)、华南(粤、桂)、西南(陕南、川、渝、滇、藏、青南、甘南)。

全球分布 亚洲、大洋洲、欧洲、非洲、北美洲和南美洲。

曼陀罗

***Datura stramonium* L.**

1. 一年生亚灌木状直立草本；2. 叶宽卵形，先端渐尖，基部不对称楔形，具不规则波状浅裂，裂片具短尖头；3. 花直立，萼筒具 5 棱，基部稍肿大，裂片三角形，花冠漏斗状，下部淡绿色，上部白色或淡紫色；4. 蒴果直立，卵圆形，被坚硬针刺或无刺；5. 毛曼陀罗（左）叶较小、全缘，而曼陀罗（右）叶片大，边缘具波状浅裂。

（图 1~4 李飞飞；图 5 郝强 摄）

kǔ zhí

072 苦蘵 | 灯笼泡、灯笼草、小酸浆

Physalis angulata L.

茄科 Solanaceae 洋酸浆属 *Physalis*

识别特征 一年生草本。叶卵状椭圆形，全缘或具不等大牙齿，两面近无毛。花冠淡黄色，喉部具紫色斑纹，花较小，直径小于 8 mm；花药蓝紫色或黄色。果萼卵球状，薄纸质，具 10 棱。

物候期 花期 5—7 月，果期 7—12 月。

生境 草地、湿地、农田、城镇。

原产地 南美洲。

进入时间 约 1890 年。

进入地点 中国香港。

进入途径 有意引入，作为观赏、药用植物。

危害方式 农田、果园、绿地杂草。

北方分布记录及国内其他分布 **黑龙江**：哈尔滨（南岗）；**吉林**：白城（通榆）、吉林（桦甸）、四平（双辽）、辽源（龙山）；**辽宁**：鞍山（千山）、大连（普兰店）、葫芦岛（兴城）、沈阳（法库、康平、沈北）；**内蒙古**：呼伦贝尔；**山东**：滨州（邹平）、济南（历城）、济宁（曲阜、泗水、微山、兖州、邹城）、临沂（费县）、青岛（崂山）、日照（东港）、泰安（宁阳）、枣庄（山亭）；**江苏**：连云港（赣榆、灌云、海州、连云）、宿迁（泗洪、泗阳、沭阳）、徐州（贾汪、邳州、铜山）；**河北**：保定（易县）、邯郸（磁县）、石家庄（鹿泉、栾城）、邢台（信都）、唐山（开平、迁西）；**天津**：蓟州；**北

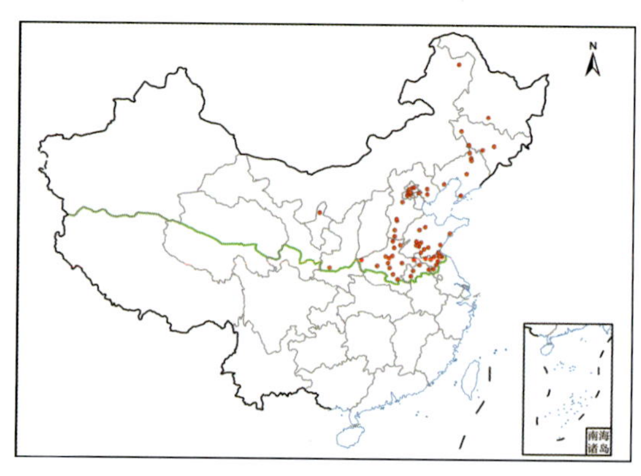

京：大兴、东城、房山、怀柔、门头沟、密云、昌平、海淀；**安徽：**亳州（涡阳）、阜阳（颍东）、淮北（烈山）、宿州（泗县）；**河南：**安阳（安阳）、鹤壁（浚县）、开封、洛阳（嵩县）、濮阳、三门峡（辉县、灵宝）、商丘（夏邑）、新乡（新乡）、许昌（禹州）、郑州（金水、新郑、中牟）、驻马店（确山、西平）；**陕西：**宝鸡（太白）；**宁夏：**银川（西夏）。

华东（皖南、赣、浙、闽、沪、台）、华中（鄂、湘、贵）、华南（粤、桂、琼、港）、西南（陕南、川、渝、滇、藏）。

全球分布 亚洲、大洋洲、欧洲、非洲、北美洲和南美洲。

苦蘵

***Physalis angulata* L.**

1. 一年生草本，生于村边、路旁；2. 叶卵状椭圆形，具不等大牙齿，两面近无毛；3. 花冠淡黄色，喉部具紫色斑纹；4. 花较小，直径小于 8 mm；5. 果萼卵球状，薄纸质；6. 果萼具明显 10 棱。

（图 1~6 朱鑫鑫 摄）

huī lǜ suān jiāng

073 灰绿酸浆 | 灰绿毛酸浆

Physalis grisea（Waterf.）M. Martínez

茄科 Solanaceae 洋酸浆属 *Physalis*

识别特征 一年生直立草本。茎粗壮，有明显的紫色条棱。叶宽卵形，灰绿色，干后具橙色斑点，边缘具粗锯齿。花单生于叶腋，花冠黄色，喉部具5个大的深紫色斑纹；花药蓝色。果萼具明显5棱，基部深陷。

物候期 花果期6—11月。

生境 草地、湿地、农田、城镇。

原产地 北美洲。

进入时间 1926年。

进入地点 吉林梅河口。

进入途径 有意引入，作为食用植物。

危害方式 农田、果园、绿地杂草。

北方分布记录及国内其他分布 **黑龙江：**哈尔滨（尚志）、鹤岗（萝北）、黑河（北安、五大连池）、牡丹江（东安）、齐齐哈尔、七台河（勃利）、伊春（嘉荫）；**吉林：**白山（浑江）、长春、吉林（丰满）、四平（公主岭）、通化（梅河口）、延边（安图、汪清）；**辽宁：**本溪（桓仁）、大连（甘井子）、抚顺（清原、顺城）、锦州（北镇）、沈阳（沈北、沈河）；**内蒙古：**呼伦贝尔；**山东：**菏泽（牡丹）、济南（莱芜）、青岛（市南）、泰安；**河北：**承德（兴隆）、唐山（迁西）、张家口（蔚县）；**北京：**昌平、朝阳、海淀；**河南：**安阳（文峰）、新乡（辉县）；**新疆：**伊犁。

华东（苏南、皖南、赣、浙、闽、沪）、华中（鄂、湘、贵）、华南（粤、桂）、西南（川、渝、滇）。

全球分布 亚洲、欧洲、北美洲。

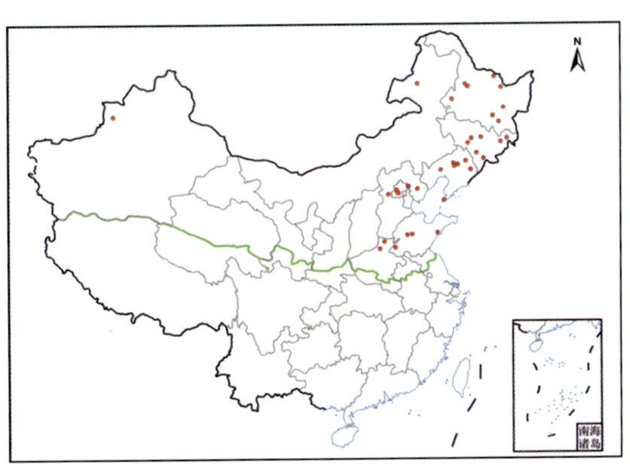

灰绿酸浆

***Physalis grisea*（Waterf.）M. Martínez**

1. 一年生直立草本；2. 茎粗壮，有明显的紫色条棱；3. 花单生于叶腋，花冠黄色，喉部具5个大的深紫色斑纹，花药蓝色；4. 果萼明显5棱，基部深陷。

（图1~4 周达康 摄）

zhí lì pó pó nà

074 直立婆婆纳

Veronica arvensis L.

车前科 Plantaginaceae 婆婆纳属 *Veronica*

识别特征 一年生小草本。茎直立或斜向上，不分枝或铺散分枝。叶卵形互生，具3~5脉，两面被硬毛。总状花序长而多花，各部被白色腺毛；花梗极短，花萼裂片线状椭圆形，前方2枚长于后方2枚；花冠蓝紫色或蓝色；雄蕊短于花冠。蒴果倒心形，明显侧扁，边缘有腺毛，凹口很深；种子长圆形。

与婆婆纳和阿拉伯婆婆纳的区别：本种花梗极短。

物 候 期 花期4—5月，果期6—8月。

生　　境 草地、湿地、农田、城镇。

原 产 地 欧洲。

进入时间 1921年。

进入地点 江西庐山。

进入途径 有意引入，作为观赏、药用植物。

危害方式 农田、果园、绿地杂草。

北方分布记录及国内其他分布 **山东：**济南（长清）、济宁（金乡、兖州）、日照（东港）、烟台（莱山、牟平）、滨州（惠民、沾化）、菏泽（定陶、牡丹）、青岛（市南）；**江苏：**连云港（灌云）、宿迁（宿城）、徐州（新沂）；**河北：**邯郸；**北京：**海淀；**安徽：**亳州（涡阳）、阜阳

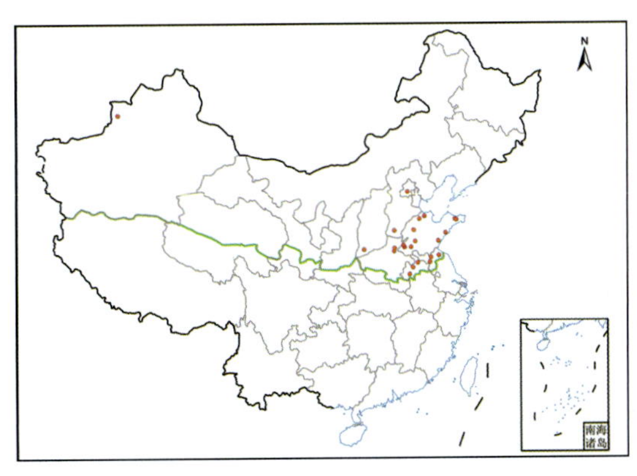

（颍州）、淮北（烈山）；**河南：**开封、新乡（封丘）；**山西：**运城（盐湖）；**新疆：**伊犁。

华东（苏南、皖南、赣、浙、闽、沪）、华中（鄂、湘、贵）、华南（粤、桂）、西南（川、渝、滇）。

全球分布 亚洲、欧洲、非洲、北美洲和南美洲。

直立婆婆纳

***Veronica arvensis* L.**

1. 一年生小草本，生于路边、农田及荒野草地；2. 茎直立或斜向上，常不分枝，叶卵形互生；3、4. 总状花序长而多花，花梗极短；5. 花冠蓝紫色或蓝色，花萼裂片线状椭圆形，前方 2 枚长于后方 2 枚；6. 蒴果倒心形，明显侧扁，边缘有腺毛，凹口很深。

（图 1~6 朱鑫鑫 摄）

ā lā bó pó pó nà

075 阿拉伯婆婆纳 | 波斯婆婆纳、肾子草

Veronica persica Poir.

车前科 Plantaginaceae 婆婆纳属 *Veronica*

识别特征 一、二年生铺散多分枝草本。叶卵形，基部浅心形，边缘具钝齿，两面疏生柔毛，具短柄。总状花序，花梗长，苞片互生，花冠蓝紫色，裂片卵形，雄蕊短于花冠。蒴果肾形，宿存花柱超出凹口；种子背面具深横纹。

与婆婆纳的区别：本种花梗明显长于苞片，蒴果网脉明显，两裂片叉开90°以上，宿存花柱超出凹口很多；而婆婆纳花梗与苞片近等长，蒴果近肾形或倒心形，叶缘两侧各有2~4个深刻的钝齿。

物候期 花期5—6月。

生　境 草地、湿地、农田、城镇。

原产地 亚洲西部及欧洲。

进入时间 1906年。

进入地点 江苏。

进入途径 有意引入，作为观赏、药用植物。

危害方式 农田、果园、绿地杂草。

北方分布记录及国内其他分布 **黑龙江：**哈尔滨（香坊）、伊春（伊美）；**吉林：**吉林（蛟河）；**辽宁：**大连（甘井子）、抚顺（新宾）；**山东：**菏泽（曹县、成武、郓城）、济南（槐荫、市中、章丘）、济宁（金乡、梁山、曲阜、任城、泗水、微山、邹城）、临沂（兰山）、青岛、日照（东港）、泰安（宁阳）、威海（环翠、荣成）、潍坊（昌邑、青州、寿光）、烟台（福

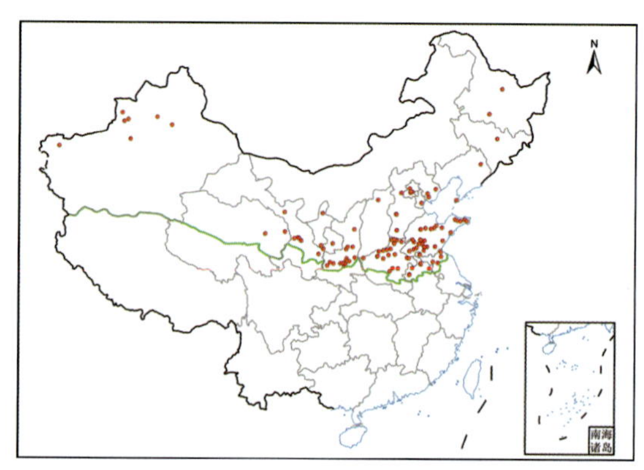

山、莱山、牟平)、枣庄(山亭、滕州)、淄博(淄川);**江苏:** 连云港(赣榆、灌云)、宿迁(泗阳、宿城)、徐州(沛县);**河北:** 邯郸(丛台、复兴)、秦皇岛(北戴河)、石家庄(桥西、裕华)、唐山(开平、曹妃甸)、张家口(涿鹿);**天津:** 滨海;**北京:** 昌平、朝阳、丰台、海淀;**安徽:** 亳州(涡阳)、阜阳(颍东、颍州)、淮北(濉溪、相山)、宿州(泗县);**河南:** 安阳(安阳、北关、殷都)、鹤壁(淇滨)、济源、焦作(博爱、修武)、开封、洛阳(涧西、西工)、漯河、平顶山(舞钢)、濮阳(清丰)、三门峡(灵宝)、商丘(虞城)、新乡(卫滨)、郑州(登封、金水)、周口(商水);**山西:** 朔州(朔城);**陕西:** 宝鸡(陈仓、凤县、眉县)、铜川(宜君)、渭南(富平、华阴、临渭)、西安(灞桥、长安、高陵、未央)、咸阳(秦都、兴平)、延安(黄陵、黄龙、子长);**甘肃:** 平凉(华亭)、庆阳(西峰)、金昌(永昌)、兰州(安宁、城关、榆中)、临夏(永靖)、天水(清水);**宁夏:** 固原(泾源)、银川;**青海:** 海东(民和)、海南(共和);**新疆:** 阿克苏(库车)、克孜勒苏(乌恰)、塔城(沙湾)、乌鲁木齐(新市)、伊犁(巩留、特克斯、伊宁)。

华东(苏南、皖南、赣、浙、闽、沪、台)、华中(鄂、湘、贵)、华南(粤、桂)、西南(陕南、川、渝、滇、藏)。

全球分布 亚洲、欧洲、非洲、北美洲和南美洲。

阿拉伯婆婆纳

Veronica persica **Poir.**

1. 一、二年生铺散多分枝草本，生于住宅旁、路边或草地上；2. 叶卵形，基部浅心形，边缘具钝齿，两面疏生柔毛，具短柄；3、4. 总状花序，花梗长；5. 苞片互生，花萼裂片 4 枚；6. 花冠蓝紫色，雄蕊短于花冠。

（图 1、3 郝强；图 2、4~6 周达康 摄）

pó pó nà

076 婆婆纳 | 双肾草

Veronica polita Fr.

车前科 Plantaginaceae 婆婆纳属 *Veronica*

识别特征 铺散多分枝草本。叶心形或卵形，叶缘两侧各具 2~4 深刻的钝齿，两面被白色长柔毛。总状花序很长；苞片叶状；花萼裂片卵形，先端急尖；花冠淡紫色、蓝色、粉色或白色；雄蕊短于花冠。蒴果近于肾形，密被腺毛，略短于花萼，宿存的花柱与凹口齐或略长；种子背面具横纹。

物 候 期 花果期 6—10 月。

生 境 草地、湿地、农田、城镇。

原 产 地 西亚。

进入时间 1907 年。

进入地点 江苏南京。

进入途径 无意引入。

危害方式 农田、果园、绿地杂草。

北方分布记录及国内其他分布 **山东：**济南（莱芜、历下、市中）、济宁（曲阜、邹城）、菏泽（牡丹）、青岛（市南）、泰安（岱岳、泰山）、潍坊（寿光）、威海（环翠）、烟台（莱山）、淄博（周村）；**江苏：**连云港（灌南）；**河北：**邯郸（丛台）、唐山（丰南、曹妃甸）；**天津：**河西；**北京：**海淀、昌平、朝阳、丰台、西城；**安徽：**亳州（涡阳）、阜阳（颍州）、淮北（烈山）；**河南：**安阳（北关、文峰、殷都）、济源、焦作（修武）、开封（龙亭）、三门峡（灵宝）、商丘（虞城）、新乡（辉县）、郑州（中牟、中原）、周口（商水）；**山西：**太原（古交）、运城（永济）；**陕西：**西安（雁塔）、渭南（临

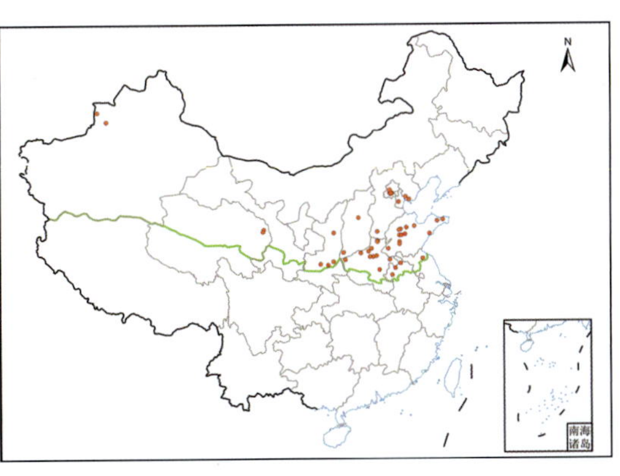

渭）、咸阳（杨陵）、延安（宝塔）；**青海：**海东（互助）、西宁（城东）；**新疆：**伊犁（巩留、霍城）。

华东（苏南、赣、浙、闽）、华中（贵）、西南（川、滇）。

全球分布 亚洲、欧洲、非洲、北美洲和南美洲。

婆婆纳

***Veronica polita* Fr.**

1、2. 铺散多分枝草本，生于路边荒地；3. 叶心形或卵形，两侧边缘各具 2~4 深刻钝齿，总状花序很长，苞片叶状；4. 花冠淡紫色、蓝色、粉色或白色，雄蕊短于花冠；5. 蒴果近于肾形，略短于花萼，宿存的花柱与凹口齐或略长；6. 果实成熟后脱落。

（图 1~6 朱鑫鑫 摄）

máng bāo chē qián

077 芒苞车前

Plantago aristata Michx.

车前科 Plantaginaceae 车前属 *Plantago*

识别特征 一、二年生草本，主根细长，全株干时常变黑。叶基生，呈莲座状，密被开展的淡褐色长柔毛；叶坚纸质，披针形。穗状花序紧密；苞片窄卵形，先端极延长，形成线形芒状长尖；萼片先端被柔毛；花冠淡黄白色，裂片宽卵形，花后反折；花药黄白色。蒴果卵圆形，于中部下方周裂；种子长卵圆形，腹面内凹成船形。

物 候 期 花期 5—6 月，果期 6—7 月。

生 境 草地、湿地、农田、城镇。

原 产 地 北美洲。

进入时间 1925 年。

进入地点 山东青岛。

进入途径 无意引入。

危害方式 农田、果园、绿地杂草。

北方分布记录及国内其他分布 **山东**：青岛（黄岛、崂山）；**江苏**：连云港（东海）、宿迁；**新疆**：巴音郭楞（和静）。

华东（苏南、皖南）、华中（鄂、湘）、华南（粤、桂）、西南（川、渝、滇）。

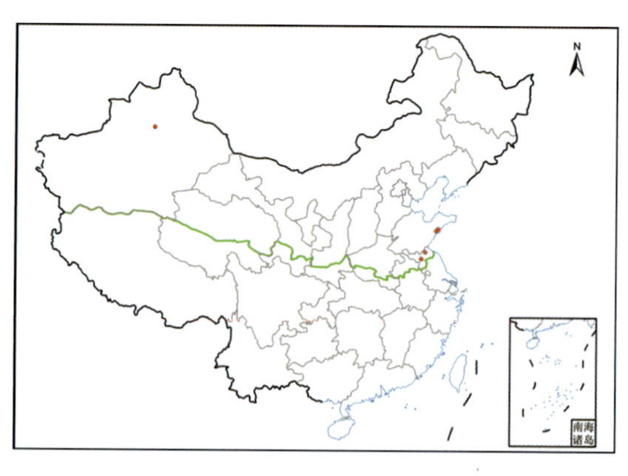

全球分布 亚洲、非洲、北美洲。

芒苞车前

***Plantago aristata* Michx.**

1. 一、二年生草本，生于海滨（沙滩）、平原草地、山谷、路旁；2. 主根细长，叶基生，呈莲座状，叶坚纸质，披针形；3、4. 穗状花序紧密，苞片窄卵形，先端极延长，形成线形芒状长尖；5. 萼片先端密被柔毛。

（图 1 吕志学；图 2~5 赵宏 摄）

běi měi chē qián

078 北美车前

***Plantago virginica* L.**

车前科 Plantaginaceae　车前属 *Plantago*

识别特征　一、二年生草本，全株被白色柔毛。叶基生，呈莲座状，倒卵状披针形，边缘波状。穗状花序，下部常间断；苞片窄椭圆形；萼片与苞片等长或稍短；花冠淡黄色，无毛，花药粉紫色，干后黄色，花冠裂片开展并于花后反折。蒴果卵球形，于基部上方周裂；种子长卵圆形，腹面凹陷呈船形。

物 候 期　花期4—5月，果期5—6月。

生　　境　草地、湿地、农田、城镇。

原 产 地　北美洲。

进入时间　1934年。

进入地点　四川。

进入途径　无意引入。

危害方式　农田、果园、绿地杂草。

北方分布记录及国内其他分布　**安徽：**亳州（利辛）。

华东（苏南、皖南、赣、浙、闽、台）、华中（鄂）、华南（粤）、西南（川）。

全球分布　亚洲、北美洲。

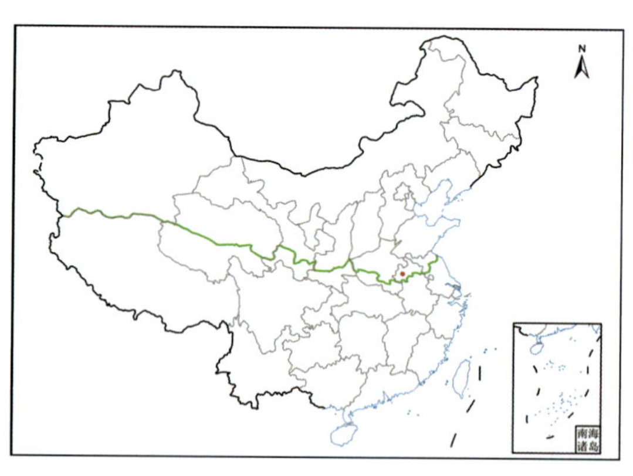

北美车前

***Plantago virginica* L.**

1. 一、二年生草本，生于草地、路边、湖畔；2. 叶基生，呈莲座状，倒卵状披针形，边缘波状；3. 穗状花序，苞片窄椭圆形，花药粉紫色，干后黄色；4. 蒴果卵球形，于基部上方周裂；5. 种子成熟后脱落；6. 种子长卵圆形，腹面凹陷呈船形。

（图 1~6 朱鑫鑫 摄）

cháng bāo mǎ biān cǎo

079 长苞马鞭草

Verbena bracteata Cav. ex Lag. & Rodr.

马鞭草科 Verbenaceae 马鞭草属 *Verbena*

识别特征 一年生草本。茎丛生，平卧或外倾，具伸展的粗毛。叶对生，披针形，基部不抱茎。穗状花序顶生；花萼具粗毛，萼裂短且靠合；花冠几被苞片覆盖，浅蓝色至淡紫色。果实成熟时包在萼内，分成4个小坚果；小坚果线形，黄色至红褐色。

与国产马鞭草（*Verbena officinalis* L.）的区别：本种苞片通常大、显著，且明显比花萼长。

物候期 花期5—9月，果期6—10月。

生境 草地、湿地、农田、城镇。

原产地 北美洲。

进入时间 2001年。

进入地点 辽宁大连。

进入途径 无意引入。

危害方式 与本地物种竞争，破坏生物多样性。

北方分布记录及国内其他分布 **辽宁**：大连（甘井子、金州）；**山东**：潍坊。

华南（粤）。

全球分布 亚洲、北美洲。

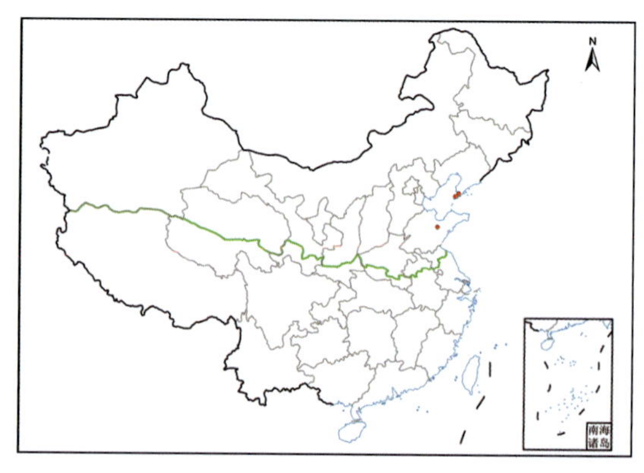

长苞马鞭草

***Verbena bracteata* Cav. ex Lag. & Rodr.**

1. 一年生草本，生于路边、荒地、山坡；2. 茎丛生，平卧或外倾，具伸展的粗毛；3. 叶对生，披针形，基部不抱茎；4. 穗状花序顶生，花萼具粗毛，萼裂短且靠合；5. 花冠几被苞片覆盖，浅蓝色至淡紫色。

（图 1~5 张淑梅 摄）

shuǐ fēi jì

080 水飞蓟 | 老鼠筋、奶蓟、水飞雉

Silybum marianum（L.）Gaertn.

菊科 Asteraceae　水飞蓟属 *Silybum*

识别特征　一、二年生草本，株高可达 1.2 m。茎枝有白色粉质覆被物。具莲座状基生叶，羽状浅裂至全裂；叶两面绿色，具白色花斑。头状花序生枝端；总苞球形，总苞片 6 层，顶端三角形边缘具硬刺；小花红紫色，稀白色。瘦果扁，长椭圆形有深褐色斑；冠毛白色，锯齿状。

物候期　花果期 5—10 月。

生境　草地、湿地、农田、城镇。

原产地　地中海地区。

进入时间　1941 年。

进入地点　云南大理。

进入途径　有意引入，当作药用植物或观赏植物。

危害方式　农田、果园、绿地杂草。

北方分布记录及国内其他分布　**黑龙江：**哈尔滨（阿城、尚志、松北、香坊）、鸡西、牡丹江、齐齐哈尔、伊春（铁力）；**吉林：**长春（南关）、吉林（磐石）、四平（铁西）；**辽宁：**沈阳（沈河）、铁岭（昌图）；**内蒙古：**赤峰（红山、元宝山）、呼伦贝尔（陈巴尔虎、额尔古纳、海拉尔、牙克石）；**山东：**济南（历下）、威海（环翠）、淄博（周村）；**河北：**保定（涞水）、张家口（蔚县）；**北京：**昌平、海淀；**安徽：**阜阳（太和）；**河南：**洛阳（涧西）；**陕西：**渭南（华州、临渭）、西安（碑林、长安、雁塔）、咸阳（秦都、

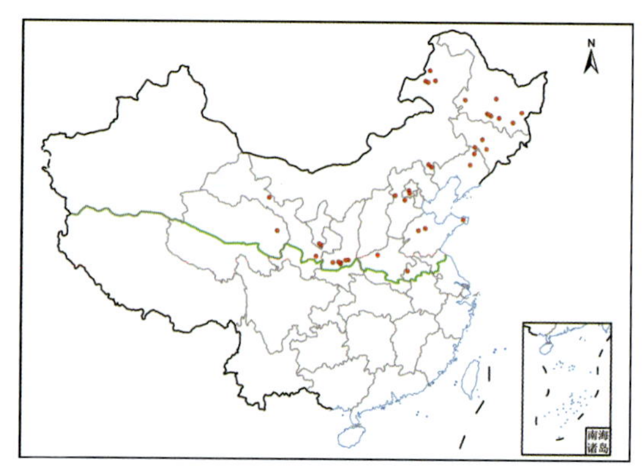

杨陵）；**甘肃：**天水（麦积）、张掖（高台）；**宁夏：**固原（泾源、隆德）；**青海：**西宁（城西）。

华东（苏南、皖南、浙、闽、沪）、西南（川、滇）。

全球分布 亚洲、大洋洲、欧洲、非洲、北美洲和南美洲。

水飞蓟

***Silybum marianum*（L.）Gaertn.**

1. 一、二年生草本，生于农田、荒地、路边、渠岸；2. 具莲座状基生叶，羽状浅裂至全裂，叶两面绿色，具白色花斑；3. 头状花序生枝端，总苞球形；4. 总苞片 6 层，顶端三角形边缘具硬刺；5. 小花红紫色，稀白色；6. 瘦果冠毛白色，锯齿状。

（图 1~6 朱鑫鑫 摄）

chánghuì pó luó mén shēn

081 长喙婆罗门参 | 霜毛婆罗门参

Tragopogon dubius Scopoli

菊科 Asteraceae 婆罗门参属 *Tragopogon*

识别特征 二年生草本。茎直立，单轴分枝，全株具乳汁。叶线状披针形，基部扩展，半抱茎。头状花序单生、大；总苞2层，线状披针形，先端长渐尖，明显超出花；舌状花黄色。瘦果具长喙，冠毛白色或带黄色。

物候期 花果期4—6月。

生　境 草地、湿地、农田、城镇。

原产地 中亚和欧洲。

进入时间 1992年。

进入地点 辽宁大连、盖州。

进入途径 无意引入。

危害方式 农田、果园、绿地杂草。

北方分布记录及国内其他分布 **黑龙江：**伊春（伊美）；**辽宁：**鞍山（千山、铁东）、朝阳（凌源）、大连（甘井子、金州、旅顺口、沙河口、瓦房店、西岗、中山）、抚顺（顺城）、辽阳（白塔、弓长岭、宏伟、辽阳）、沈阳（沈北、于洪）、营口（鲅鱼圈、盖州、西市）；**内蒙古：**呼伦贝尔（陈巴尔虎、额尔古纳、牙克石）；**山东：**滨州、菏泽（牡丹）、济南（莱芜、历城、平阴）、临沂（平邑）、青岛（城阳、即墨、崂山、李沧、平度）、泰安（泰山）、潍坊（奎文）、威海（环翠）、烟台（蓬莱、莱山、莱阳、牟平）、淄博（周村）；**河北：**承德（兴隆）、邯郸（丛台）、唐山（曹妃甸、古冶）；**北京：**昌平、朝阳、大兴、海淀、怀柔、顺义、通州、延庆；**河南：**安阳（殷都）、洛

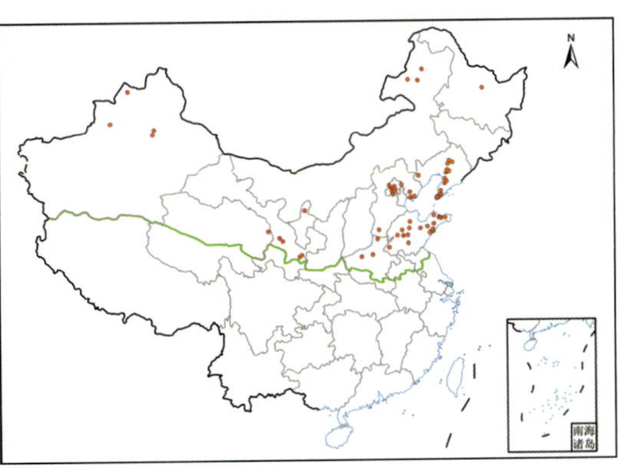

阳（洛龙）、郑州（金水）；**甘肃：** 兰州（安宁、榆中）、天水（麦积、清水）；**宁夏：** 银川（西夏）；**青海：** 海东（民和）；**新疆：** 塔城（塔城）、乌鲁木齐（沙依巴克、新市）、伊犁（巩留）。

华东（苏南、浙）。

全球分布 亚洲、大洋洲、欧洲、非洲、北美洲。

长喙婆罗门参

Tragopogon dubius **Scopoli**

1. 二年生草本，生于山坡、草地、河谷；2. 茎直立，叶线状披针形，基部扩展，半抱茎；3. 头状花序单生、大；4~6. 总苞 2 层，线状披针形，先端长渐尖，明显超出花，舌状花黄色。

（图 1~6 朱鑫鑫 摄）

yě wō jù

082 野莴苣 | 毒莴苣、刺莴苣、银齿莴苣、阿尔泰莴苣

Lactuca serriola L.

菊科 Asteraceae 莴苣属 *Lactuca*

识别特征 二年生草本。茎单生、直立，高可达 1.2 m。茎生叶倒披针形，羽状浅裂、半裂或深裂。头状花序排列成总状圆锥花序，总苞片 5 层，舌状小花黄白色。瘦果倒披针形，浅褐色，冠毛白色。

物候期 花果期 6—8 月。

生　境 草地、湿地、农田、城镇。

原产地 地中海地区。

进入时间 1921 年。

进入地点 江苏。

进入途径 无意引入。

危害方式 农田、果园、绿地杂草。

北方分布记录及国内其他分布 **黑龙江：**大庆（龙凤）、哈尔滨（道里、南岗、松北、五常）、黑河（五大连池）、齐齐哈尔、七台河（勃利）、伊春（伊美）；**吉林：**白山（浑江）、吉林（丰满）、辽源（龙山）；**辽宁：**鞍山（千山）、本溪（平山）、朝阳（建平）、大连（金州、旅顺口）、丹东（东港）、抚顺（顺城）、锦州（北镇）、盘锦（大洼）、沈阳（沈北）、铁岭（昌图）；**内蒙古：**赤峰（红山、翁牛特）、呼和浩特（赛罕、新城）、呼伦贝尔（海拉尔、满洲里）、锡林郭勒（锡林浩特）；**山东：**德州（宁津）、菏泽（巨野、牡丹、郓城）、济南（长清、莱芜、章丘）、济宁（任城、泗水）、青岛（崂山、市南）、泰安、潍坊（青州）、威海（环翠、荣成）、烟台（龙口）；**河北：**唐

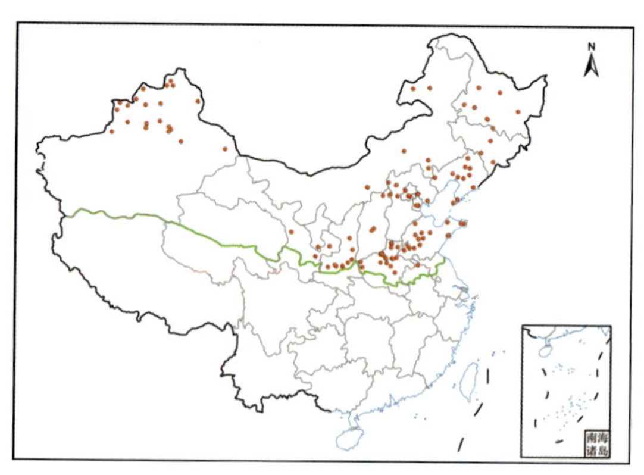

山（曹妃甸）、张家口（桥东、桥西、尚义、阳原、蔚县）；**天津：**滨海、河西、蓟州；**北京：**朝阳、海淀、延庆；**安徽：**淮北（相山）；**河南：**安阳（北关、文峰、殷都）、鹤壁（淇滨）、焦作（博爱、山阳、武陟、中站）、开封（兰考、祥符）、濮阳（华龙）、三门峡（灵宝、卢氏）、郑州（登封、惠济、金水、新郑）、许昌（鄢陵）、周口（商水）；**山西：**大同（大同）、晋中（介休、平遥）；**陕西：**宝鸡（太白）、渭南（大荔、临渭）、西安（长安、雁塔、周至）、咸阳（杨陵）、延安（宝塔、黄龙）；**甘肃：**兰州（永登）、庆阳（西峰）、天水（清水）；**宁夏：**固原（泾源）；**新疆：**阿勒泰（布尔津、哈巴河、吉木乃、青河）、博尔塔拉（博乐、温泉）、昌吉（昌吉）、哈密（伊吾）、石河子、吐鲁番（高昌）、塔城（和布克赛尔、塔城、托里、裕民）、乌鲁木齐（水磨沟、新市）、伊犁（巩留、霍城、尼勒克、新源、昭苏）。

华东（苏南、皖南、赣、浙、闽）、华中（豫南、鄂、湘）、华南（港）、西南（陕南、川、渝、滇）。

全球分布　亚洲、欧洲、非洲、北美洲和南美洲。

野莴苣

***Lactuca serriola* L.**

1. 二年生草本，高达 1.2 m，生于荒地、路旁、河滩、山坡及草地；2. 基生叶莲座状；3. 茎生叶倒披针形，羽状浅裂、半裂或深裂；4. 头状花序排列成总状圆锥花序；5. 舌状小花黄色；6. 瘦果倒披针形，浅褐色，冠毛白色。

（图 1~6 朱鑫鑫 摄）

★ 国家级入侵和检疫标注 ★

野莴苣于 2022 年被列入《重点管理外来入侵物种名录》；*L. serriola* L. 和 *L. pulchell*（Pursh）DC. 作为危险性杂草被收录在《中华人民共和国进境植物检疫性有害生物名录》。

xù duàn jú

083 续断菊 | 花叶滇苦菜、花叶滇苦荬菜

Sonchus asper（L.）Hill

菊科 Asteraceae 苦苣菜属 *Sonchus*

识别特征 一年生草本，茎单生或簇生。基生叶莲座状，叶羽状浅裂、半裂或深裂；叶及裂片与抱茎圆耳边缘有尖齿刺。头状花序排列成伞房花序；总苞片3~4层，绿色，草质，覆瓦状排列；舌状小花黄色。瘦果倒披针状，褐色；种子冠毛白色。

物候期 花果期7—9月。

生境 森林、灌丛、草地、湿地、农田、城镇。

原产地 欧洲和地中海沿岸。

进入时间 1908年。

进入地点 中国澳门。

进入途径 无意引入。

危害方式 农田、果园、绿地杂草。

北方分布记录及国内其他分布 **黑龙江**：伊春（丰林）；**吉林**：延边（安图）；**辽宁**：丹东；**内蒙古**：赤峰（红山）、呼伦贝尔（阿荣）；**山东**：滨州（邹平）、东营（河口、垦利）、菏泽（成武）、济南（济阳、天桥）、济宁（曲阜、微山）、聊城（阳谷）、青岛（胶州、崂山）、烟台（莱山）、枣庄（山亭）；**江苏**：宿迁（泗洪、泗阳、宿城）、徐州（新沂）；**天津**：滨海、东丽、红桥、蓟州、南开、武清；**河南**：济源、焦作（修武）、洛阳（嵩县）、三门峡（灵宝）、新乡（红旗、辉县）、许昌、郑州（登封、惠济、金水、荥阳）；**山西**：晋城（沁水、阳城）、忻州（五台）、运城（永济）；**甘肃**：庆阳（合水、

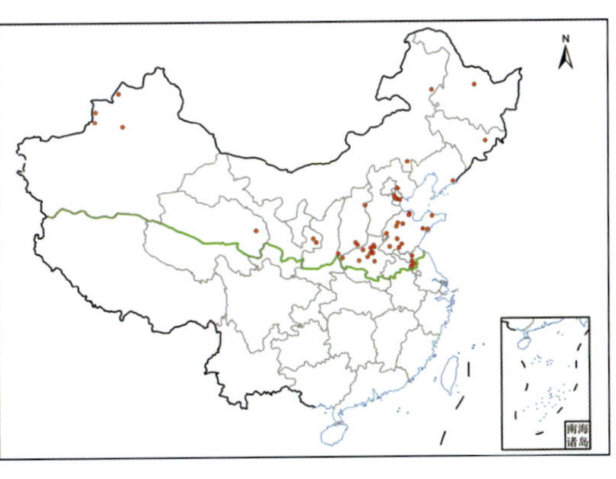

正宁）；**青海：**西宁；**新疆：**塔城（裕民）、伊犁（霍城、新源、昭苏）。

华东（苏南、皖南、赣、浙、闽、沪）、华中（豫南、鄂、湘）、华南（粤、桂、澳）、西南（陕南、川、渝、滇、藏、青南）。

全球分布 亚洲、欧洲、非洲、北美洲和南美洲。

续断菊

***Sonchus asper*（L.）Hill**

1. 一年生草本，生于山坡、林缘及水边；2. 基生叶莲座状；3. 叶羽状浅裂、半裂或深裂，叶及裂片与抱茎圆耳边缘有尖齿刺；4. 头状花序排列成伞房花序；5. 总苞片 3~4 层，覆瓦状排列，舌状小花黄色；6. 种子冠毛白色。

（图 1 郝强；图 2~6 朱鑫鑫 摄）

wū gēn cǎo

084 屋根草 | 还阳参

Crepis tectorum L.

菊科 Asteraceae 还阳参属 *Crepis*

识别特征 一、二年生草本，茎枝被白色蛛丝状柔毛。基生叶及下部茎生叶倒披针形，边缘疏生锯齿至羽状全裂；上部叶线形，无柄，全缘。头状花序排列成伞房圆锥花序；总苞片 3~4 层，外层线形，内层披针形；舌状小花黄色。瘦果纺锤形，冠毛白色。

物候期 花果期 7—10 月。

生境 森林、灌丛、草地、湿地、农田、城镇。

原产地 欧洲。

进入时间 1939 年。

进入地点 辽宁。

进入途径 无意引入。

危害方式 农田、果园、绿地杂草。

北方分布记录及国内其他分布 **黑龙江：**大兴安岭（呼玛）、哈尔滨（阿城、道里、尚志、香坊）、鹤岗（东山、萝北）、黑河（北安、孙吴、五大连池）、鸡西（虎林、鸡冠、密山）、佳木斯（郊区、汤原、同江）、牡丹江（东安、西安）、七台河（桃山、新兴）、齐齐哈尔（富拉尔基、富裕、克东、讷河、依安）、双鸭山（集贤）、伊春（丰林）；**吉林：**白山（抚松、浑江、靖宇、临江）、吉林（磐石）、四平（铁东）、通化（东昌）、延边（安图）；**辽宁：**抚顺（抚顺）、沈阳（大东、皇姑、浑南、沈河、于洪）；**内蒙古：**赤峰（克什克腾）、呼和浩特、呼伦贝尔（陈巴尔虎、额尔古纳、鄂伦春、根

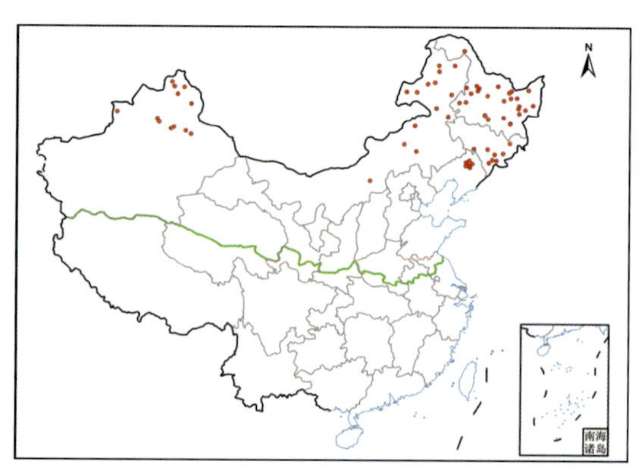

河、海拉尔、新巴尔虎左、牙克石、扎兰屯)、锡林郭勒(西乌珠穆沁、锡林浩特)、兴安(阿尔山、科尔沁右翼前);**新疆:**阿勒泰(阿勒泰、布尔津、福海、富蕴、哈巴河)、昌吉(阜康、玛纳斯、木垒、奇台)、石河子、乌鲁木齐(米东)、伊犁(霍城)。

华东(赣)、西南(甘南)。

全球分布 亚洲、欧洲、北美洲。

屋根草

***Crepis tectorum* L.**

1. 一、二年生草本，生于山地、林缘、草地、田间；2. 茎生叶线形，无柄，全缘；3. 头状花序排列成伞房圆锥花序；4. 总苞片 3~4 层，舌状小花黄色；5、6. 瘦果纺锤形，冠毛白色。

（图 1~6 朱鑫鑫 摄）

ōu zhōu qiān lǐ guāng

085 欧洲千里光 | 欧千里光、欧洲狗舌草

***Senecio vulgaris* L.**

菊科 Asteraceae 千里光属 *Senecio*

识别特征 一年生草本，茎疏被蛛丝状毛至无毛。叶倒披针状匙形，羽状浅裂至深裂，具齿。头状花序无舌状花，排成密集伞房花序，具数个线状钻形小苞片；总苞钟状，外层小苞片具黑色长尖头；管状花多数，花冠黄色。瘦果圆柱形，沿肋有柔毛；冠毛白色。

物 候 期 花期6—10月。

生 境 森林、灌丛、草地、湿地、农田、城镇。

原 产 地 欧洲。

进入时间 1959年。

进入地点 上海。

进入途径 无意引入。

危害方式 农田、果园、绿地杂草。

北方分布记录及国内其他分布 **黑龙江：**大兴安岭（呼玛）、哈尔滨（阿城、南岗、尚志）、鸡西（虎林、密山）、佳木斯（抚远、桦川、同江、向阳）、双鸭山（集贤、饶河）；**吉林：**吉林（船营）、延边（珲春、图们）；**辽宁：**鞍山（千山、岫岩）、本溪（本溪、桓仁）、大连（旅顺口）、丹东（宽甸）、抚顺、沈阳（法库）；**内蒙古：**赤峰（克什克腾、林西）、鄂尔多斯（东胜）、呼伦贝尔（海拉尔、新巴尔虎右、新巴尔虎左、牙克石）、锡林郭勒（苏尼特左、锡林浩特）、兴安（阿尔山）；**山东：**济宁（邹城）、青岛（市北）、烟台（牟平）；**河北：**张家口（蔚县、张北）；**山西：**大同（浑源）、宿

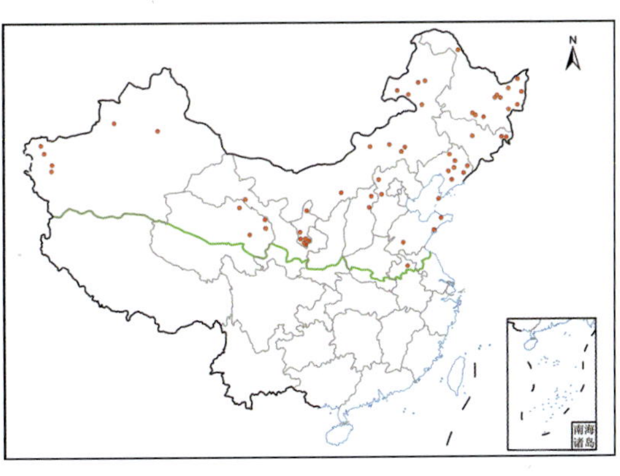

州（宿城）、忻州（五台）；**甘肃：**张掖（肃南）；**宁夏：**固原（泾源、隆德、彭阳、西吉、原州）、银川、中卫（海原）；**青海：**海北（门源、祁连）、黄南（尖扎）、西宁；**新疆：**喀什（莎车、叶城）、克孜勒苏（阿克陶、乌恰）、乌鲁木齐、伊犁（巩留）。

华东（苏南、皖南、赣、浙、闽、沪、台）、华中（豫南、鄂、湘、贵）、华南（港）、西南（陕南、川、渝、滇、藏）。

全球分布 亚洲、欧洲、非洲、北美洲和南美洲。

欧洲千里光

***Senecio vulgaris* L.**

1. 一年生草本，生于山坡、草地、路旁；2. 叶倒披针状匙形，羽状浅裂至深裂，具齿；3. 头状花序无舌状花，排成密集伞房花序；4. 总苞钟状，外层小苞片具黑色长尖头；5. 管状花多数，花冠黄色；6. 瘦果圆柱形，沿肋有柔毛，冠毛白色。

（图 1~6 周达康 摄）

jiā ná dà yī zhī huáng huā

086 加拿大一枝黄花 | 黄莺、金棒草

***Solidago canadensis* L.**

菊科 Asteraceae　一枝黄花属 *Solidago*

识别特征　多年生草本，有长根状茎。茎直立，株高可达 2.5 m。叶披针形，边缘具锯齿或波状钝齿。圆锥花序顶生，分枝蝎尾状，开展至反曲，黄色头状花序很小，在花序分枝上单面着生。

与我国原产的 3 种一枝黄花的区别：本种植株高大，圆锥花序小花多而密集。另有一外来种高大一枝黄花（*S. altissima* L.）在我国西南、华东、华南、华中地区有分布，局部形成入侵。

物 候 期　花期 8—10 月。

生　　境　森林、灌丛、草地、湿地、农田、城镇。

原 产 地　北美洲。

进入时间　1926 年。

进入地点　浙江德清。

进入途径　有意引入，作为园艺植物栽培。

危害方式　农田、果园、绿地杂草。

北方分布记录及国内其他分布　**山东：**青岛；**江苏：**宿迁（泗阳、宿城）；**河北：**石家庄（桥西）；**天津：**东丽；**河南：**新乡（牧野）、郑州（新密）；**山西：**太原（晋源、迎泽）。

华东（苏南、皖南、赣、浙、闽、沪、台）、华中（豫南、鄂、湘）、华南（粤、桂、琼）、西南（川、渝）。

全球分布　亚洲、大洋洲、欧洲、北美洲。

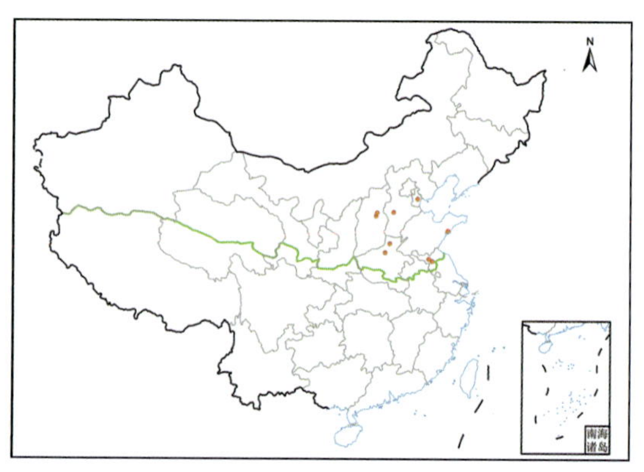

加拿大一枝黄花

***Solidago canadensis* L.**

1. 多年生草本，茎直立，高达 2.5 m，生于林缘、路边、果园、苗圃；2. 叶披针形，边缘具锯齿或波状钝齿；3~5. 圆锥花序顶生，分枝蝎尾状，开展至反曲；6. 黄色头状花序很小，在花序分枝上单面着生。

（图 1 李飞飞；图 2~6 朱鑫鑫 摄）

★ 国家级入侵和检疫标注 ★

加拿大一枝黄花于 2010 年被列入《中国第二批外来入侵物种名单》，2013 年被列入《全国林业危险性有害生物名单》，2022 年被列入《重点管理外来入侵物种名录》。

yī nián péng

087 一年蓬 | 治疟草、千层塔、白顶飞蓬

Erigeron annuus（L.）Pers.

菊科 Asteraceae 飞蓬属 *Erigeron*

识别特征 一、二年生草本。基部叶长圆形，具粗齿，中部和上部叶长圆状披针形。头状花序数个排列成圆锥花序，总苞片 3 层，外围雌花舌状，2 层，舌片平展，白色或淡天蓝色，先端具 2 小齿，中央两性花管状，黄色。瘦果披针形。

物候期 花果期 6—11 月。

生　境 草地、湿地、农田、城镇。

原产地 北美洲。

进入时间 1886 年。

进入地点 上海。

进入途径 无意引入。

危害方式 农田、果园、绿地杂草。

北方分布记录及国内其他分布 **黑龙江：**大庆（杜尔伯特、肇源）、哈尔滨（阿城、巴彦、呼兰、尚志、双城）、牡丹江（海林、宁安、西安）、齐齐哈尔（克山）；**吉林：**白山（抚松、长白）、吉林（丰满、磐石）、松原（长岭）、通化（辉南、集安、梅河口）、延边（安图、珲春）；**辽宁：**鞍山（千山、岫岩）、本溪（本溪、桓仁）、朝阳（凌源）、丹东（东港、凤城、宽甸、元宝、振兴）、抚顺（清原）、辽阳（白塔、宏伟）、盘锦（大洼）、沈阳（大东、浑南）、铁岭（铁岭、西丰）；**内蒙古：**呼伦贝尔（额尔古纳、海拉尔）；**山东：**东营（河口）、济宁（曲阜、微山、兖州、邹城）、临沂（费县、平邑、沂水）、青岛（即墨、崂山）、泰安（宁阳、新泰）、潍坊（临朐）、烟台（牟平）、枣庄

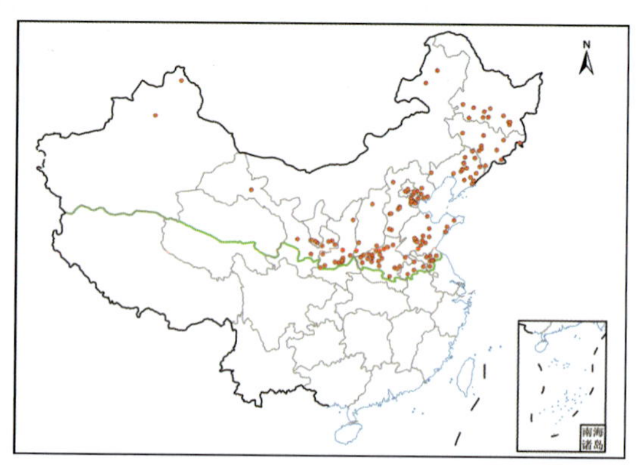

（山亭）；**江苏：**连云港（灌南）、宿迁（泗阳、宿城、泗洪）、徐州（邳州、新沂）；**河北：**保定（安国、莲池）、邯郸（丛台、武安）、石家庄（鹿泉、新华）、唐山（曹妃甸、路南、迁西、玉田）、张家口（桥西）；**天津：**宝坻、北辰、滨海、东丽、河北、河东、和平、河西、红桥、蓟州、津南、静海、南开、宁河、武清、西青；**北京：**朝阳、海淀、顺义；**安徽：**亳州（蒙城）、阜阳（颍东）、淮北（烈山）、宿州（泗县）；**河南：**安阳（滑县）、济源、焦作（沁阳、修武）、洛阳（洛宁、嵩县、宜阳）、平顶山（郏县、鲁山、汝州）、三门峡（灵宝、卢氏、渑池、陕州、义马）、商丘（虞城）、新乡（凤泉、辉县）、郑州（巩义）、周口（郸城、商水、项城）、驻马店；**山西：**晋城（阳城）、忻州（宁武）、运城（河津、永济）；**陕西：**宝鸡（凤县、陇县、太白）、铜川、渭南（华阴）、西安（灞桥、长安、高陵、鄠邑、未央、周至）、榆林（米脂）；**甘肃：**嘉峪关、兰州（榆中）、平凉（崆峒）、庆阳（合水、西峰、正宁）、天水（秦州）；**宁夏：**固原（泾源、隆德、西吉）；**新疆：**阿勒泰、石河子。

华东（苏南、皖南、赣、浙、闽、沪、台）、华中（豫南、鄂、湘、贵）、华南（粤、桂、琼）、西南（陕南、川、渝、滇、藏、甘南）。

全球分布 亚洲、欧洲、北美洲和南美洲。

一年蓬

***Erigeron annuus*（L.）Pers.**

1. 一、二年生草本，生于农田、路边、荒地；2. 基部叶长圆形，具粗齿；3. 中部和上部叶长圆状披针形；4. 头状花序数个排列成圆锥花序，总苞片 3 层；5、6. 外围雌花舌状，舌片平展，白色或淡天蓝色，先端具 2 小齿，中央两性花管状，黄色。

（图 1、3、4、6 冯朋贝；图 2、5 李飞飞 摄）

★ 国家级入侵和检疫标注 ★

一年蓬于 2014 年被列入《中国外来入侵物种名单（第三批）》。

xiāng sī cǎo

088 香丝草 | 蓑衣草、野地黄菊、野塘蒿

Erigeron bonariensis L.

菊科 Asteraceae 飞蓬属 *Erigeron*

识别特征 一、二年生草本，茎高达 50 cm。下部叶倒披针形，具粗齿或羽状浅裂；中部和上部叶窄披针形，具齿或全缘；叶两面均密被糙毛。头状花序在茎端排成总状圆锥花序；总苞片 2~3 层，线形，背面密被灰白色糙毛；雌花多层，白色，花冠细管状；两性花淡黄色，花冠管状。瘦果线状披针形，冠毛 1 层，白色至淡红褐色。

物候期 花期 5—10 月。

生境 草地、湿地、农田、城镇。

原产地 南美洲。

进入时间 1857 年。

进入地点 中国香港。

进入途径 无意引入。

危害方式 农田、果园、绿地杂草。

北方分布记录及国内其他分布 **山东：**滨州（邹平）、菏泽（牡丹）、济宁（金乡、任城、微山、邹城）、临沂（平邑）、日照（岚山）、潍坊（青州）、枣庄；**江苏：**连云港（赣榆、海州）、宿迁（泗洪）；**河北：**保定（竞秀）、邯郸（大名、邯山）、秦皇岛（北戴河）、石家庄（桥西）；**北京：**昌平、朝阳、海淀；**河南：**安阳（安阳、滑县、林州）、鹤壁（淇滨）、焦作（孟州、修武）、洛阳（汝阳、嵩县、宜阳）、平顶山（宝丰、鲁山）、濮阳（范县）、三门峡（卢氏）、商丘（夏邑、柘城）、新乡（封丘、风泉、辉县、

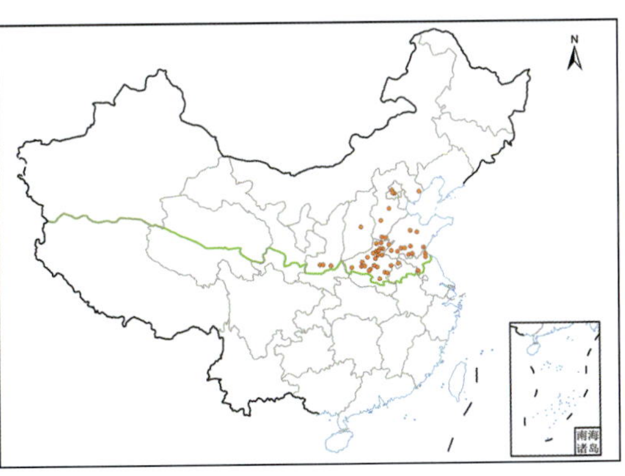

牧野、卫辉、原阳)、许昌(建安、禹州)、郑州(金水)、周口(商水、项城)、驻马店;**山西:**吕梁(交城);**陕西:**宝鸡(眉县)、西安(雁塔)、咸阳(杨陵)。

华东(苏南、皖南、赣、浙、闽、沪、台)、华中(豫南、鄂、湘、贵)、华南(粤、桂、琼、港、澳)、西南(陕南、川、渝、滇、藏、甘南)。

全球分布 亚洲、欧洲、北美洲和南美洲。

香丝草

***Erigeron bonariensis* L.**

1. 一、二年生草本，生于荒地、田边、路旁；2. 茎高达 50 cm，中部和上部叶窄披针形；3. 头状花序在茎端排成总状圆锥花序，总苞片线形，两性花淡黄色，花冠管状；4. 瘦果线状披针形，冠毛 1 层，白色至淡红褐色；5. 果实成熟后随风传播，苞片宿存。

（图 1~5 郝强 摄）

xiǎo péng cǎo

089 小蓬草 | 小飞蓬、飞蓬、加拿大蓬、小白酒草

Erigeron canadensis L.

菊科 Asteraceae 飞蓬属 *Erigeron*

识别特征 一年生草本，茎直立。叶密集，基部叶倒披针形；中部和上部叶较小，线状披针形。头状花序多数，花小，排列成顶生多分枝的大圆锥花序；总苞片 2~3 层；雌花多数，舌状，白色，舌片小，线形；两性花淡黄色，花冠管状。瘦果线状披针形。

物候期 花果期 5—9 月。

生　境 草地、湿地、农田、城镇。

原产地 北美洲。

进入时间 1860 年。

进入地点 山东。

进入途径 无意引入。

危害方式 农田、果园、绿地杂草。

北方分布记录及国内其他分布 **黑龙江：**大庆（龙凤）、哈尔滨（道里、尚志、松北、五常、香坊）、黑河（爱辉、北安）、鸡西（虎林）、齐齐哈尔（富裕、讷河）、七台河（勃利、新兴）、伊春（大箐山、乌翠、伊美）；**吉林：**白山（长白）、长春（南关）、吉林（丰满、磐石）、辽源（东丰）、延边（安图）、**辽宁：**本溪（桓仁、南芬、平山）、朝阳（建平）、大连（甘井子、金州）、丹东（东港、凤城、元宝）、抚顺（顺城）、阜新（彰武）、葫芦岛（兴城）、锦州（北镇）、沈阳（大东、浑南）、铁岭（昌图、开原）；**内蒙古：**赤峰（红山、翁牛特）、鄂尔多斯（东胜、康巴什、准格尔）、呼和浩特（赛罕、新城）、呼伦贝尔（满洲里）、通辽（霍林郭勒）、兴安

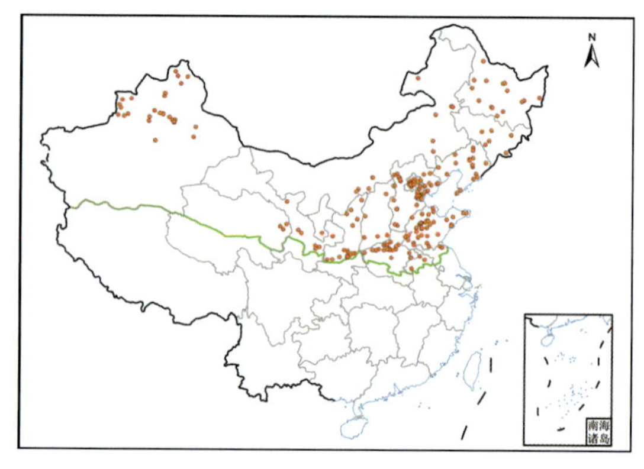

（扎赉特、科尔沁右翼前）；**山东：**滨州（滨城、邹平）、德州（乐陵、武城）、东营（河口、垦利）、菏泽（成武、牡丹、单县）、济南（长清、槐荫、莱芜、历城、历下、平阴、市中、天桥、章丘）、济宁（任城、曲阜）、临沂（平邑）、青岛（崂山、李沧、平度、市南）、日照（莒县）、泰安（岱岳、东平、泰山）、潍坊（青州）、威海（环翠、荣成）、烟台（莱阳）、枣庄（市中、台儿庄）、淄博（博山、周村）；**江苏：**连云港（赣榆、连云）；**河北：**保定（阜平）、沧州（新华、沧县）、承德（承德、平泉、兴隆）、邯郸（丛台、邯山、武安）、秦皇岛（海港、山海关）、石家庄（长安、新华）、唐山（丰南、迁安、迁西、玉田）、张家口（桥东、桥西、尚义、下花园、宣化、阳原、张北）；**天津：**宝坻、北辰、滨海、东丽、河北、河东、和平、河西、红桥、蓟州、津南、静海、南开、宁河、武清、西青；**北京：**昌平、朝阳、大兴、东城、丰台、海淀、怀柔、门头沟、密云、平谷、石景山、顺义、通州；**安徽：**亳州、阜阳、淮北、宿州（埇桥）；**河南：**焦作（博爱、山阳、修武）、开封（龙亭、禹王台）、洛阳（孟津、新安）、濮阳（范县、台前）、三门峡（灵宝、渑池）、商丘（虞城）、新乡（长垣、封丘、辉县）、许昌、郑州（巩义、惠济、中牟、中原、荥阳）；**山西：**晋城（陵川、沁水）、吕梁（柳林）、忻州（繁峙）、运城（河津）；**陕西：**宝鸡（凤县、太白）、渭南（富平、华州、临渭）、西安（灞桥、长安、高陵、临潼、未央、雁塔）、咸阳（淳化、杨陵）、延安（宝塔、子长）、榆林（横山、靖边、神木）；**甘肃：**金昌（金川）、兰州（安宁、榆中）、庆阳（西峰）、天水（秦安、秦州、清水）、**宁夏：**固原（原州）；**青海：**海东（化隆、民和、循化）；**新疆：**阿勒泰（阿勒泰、布尔津、福海、哈巴河）、博尔塔拉（博乐、温泉）、昌吉（昌吉、呼图壁、玛纳斯、木垒）、石河子、塔城（沙湾、托里、裕民）、铁门关、吐鲁番（高昌）、乌鲁木齐（米东、水磨沟、乌鲁木齐、新市）、伊犁（察布查尔、巩留、霍城、奎屯、尼勒克、特克斯、新源、昭苏）。

华东（苏南、皖南、赣、浙、闽、沪、台）、华中（豫南、鄂、湘、贵）、华南（粤、桂、琼、港、澳）、西南（陕南、川、渝、滇、藏、甘南）。

全球分布 亚洲、欧洲、非洲、北美洲和南美洲。

089 小蓬草

小蓬草

***Erigeron canadensis* L.**

1. 一年生草本，茎直立，生于旷野、荒地、田边和路旁；2. 叶密集，中部和上部叶线状披针形；3. 头状花序多数，花小，排列成顶生多分枝的大圆锥花序；4. 花总苞片舌状，舌片小，线形，两性花淡黄色，花冠管状。

（图 1~4 李飞飞 摄）

★ 国家级入侵和检疫标注 ★

小蓬草于 2014 年被列入《中国外来入侵物种名单（第三批）》，2022 年被列入《重点管理外来入侵物种名录》。

chūn fēi péng

090 春飞蓬 | 费城飞蓬、春一年蓬

Erigeron philadelphicus L.

菊科 Asteraceae 飞蓬属 *Erigeron*

识别特征 一、二年生草本，具纤维状根，茎直立。基生叶倒卵形，边缘有粗锯齿或浅圆齿；茎生叶长圆状倒披针形至披针形，基部渐狭，耳状抱茎。头状花序数枚排成伞房或圆锥状花序；总苞片 2 或 3 层；雌花舌状，白色略带粉红色；两性花成管状，黄色。

与一年蓬的区别：本种茎中空，茎生叶基部心形抱茎；一年蓬茎具白色海绵状髓，茎生叶基部楔形或渐狭。

物 候 期 花期 4—6 月。

生　　境 草地、湿地、农田、城镇。

原 产 地 北美洲。

进入时间 1959 年。

进入地点 上海。

进入途径 无意引入。

危害方式 农田、果园、绿地杂草。

北方分布记录及国内其他分布 **山 东：** 济宁（金乡、邹城）；**江苏：** 连云港（灌南）、宿迁（泗洪、泗阳、宿城）、徐州（贾汪）；**河 南：** 郑州（金水）；**安徽：** 淮北（烈山）。

华东（苏南、皖南、浙、沪）、华中（贵）、西南（川）。

全球分布 亚洲、欧洲、北美洲。

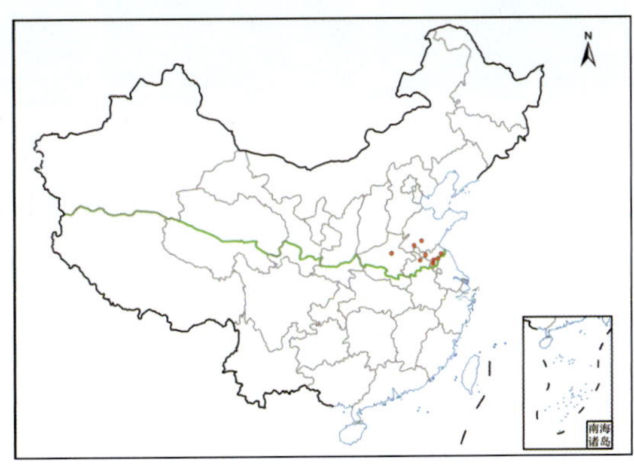

春飞蓬

Erigeron philadelphicus **L.**

1. 一、二年生草本，茎直立，生于路旁、旷野、山坡、果园、林缘；2. 具纤维状根；3. 基生叶倒卵形，边缘有粗锯齿或浅圆齿；4. 头状花序数枚排成伞房或圆锥状花序，两性花成管状，黄色；5. 总苞片 2 或 3 层，雌花舌状，白色略带粉红色。

（图 1~5 朱鑫鑫 摄）

sū mén bái jiǔ cǎo

091 苏门白酒草

Erigeron sumatrensis Retz.

菊科 Asteraceae 飞蓬属 *Erigeron*

识别特征 一、二年生草本。茎高达 1.5 m，全株被毛。叶倒披针形，具齿或全缘。头状花序多数，在茎枝端排成圆锥花序；总苞片 3 层，灰绿色，线状披针形；雌花多层，舌片淡黄色或淡紫色，丝状；两性花花冠淡黄色。瘦果线状披针形，冠毛初白色，成熟后黄褐色。

物 候 期 花期 5—10 月。

生　　境 草地、湿地、农田、城镇。

原 产 地 南美洲。

进入时间 1926 年。

进入地点 安徽。

进入途径 无意引入。

危害方式 农田、果园、绿地杂草。

北方分布记录及国内其他分布 **山东：** 菏泽（牡丹）、济宁（任城）；**江苏：** 宿迁（泗阳）；**北京：** 海淀；**河南：** 登封、洛阳（新安）、三门峡（灵宝、卢氏）、新乡（封丘、获嘉）。

华东（苏南、皖南、赣、浙、闽、沪、台）、华中（豫南、鄂、湘、贵）、华南（粤、桂、琼、港）、西南（川、渝、滇、藏、甘南）。

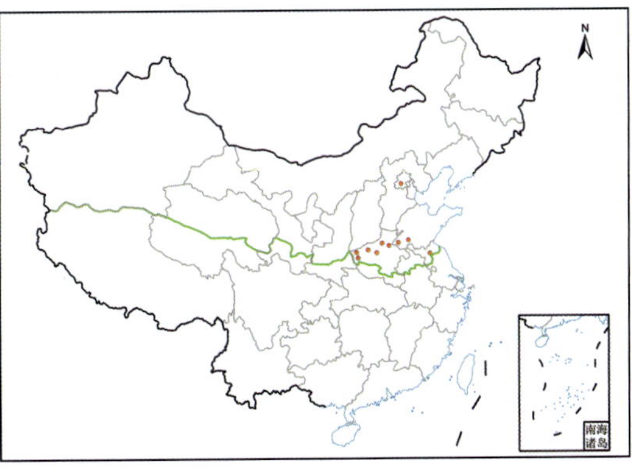

全球分布 亚洲、非洲、北美洲和南美洲。

苏门白酒草

Erigeron sumatrensis **Retz.**

1. 一、二年生草本，生于山坡、草地、路旁，茎高达 1.5 m，全株被毛；2. 叶倒披针形，具齿或全缘；3、4. 头状花序多数，在茎枝端排成圆锥花序；5. 总苞片 3 层，雌花多层，舌片淡黄色或淡紫色，丝状，两性花花冠淡黄色；6. 瘦果线状披针形，冠毛初白色，成熟后黄褐色。

（图 1 郝强；图 2~6 朱鑫鑫 摄）

★ 国家级入侵和检疫标注 ★

苏门白酒草于 2014 年被列入《中国外来入侵物种名单（第三批）》，2022 年被列入《重点管理外来入侵物种名录》。

zuàn xíng zǐ wǎn

092 钻形紫菀 | 钻叶紫菀、窄叶紫菀、美洲紫菀

***Symphyotrichum subulatum* (Michx.) G. L. Nesom**

菊科 Asteraceae 联毛紫菀属 *Symphyotrichum*

识别特征 一年生草本。茎直立，无毛。叶披针形。头状花序；总苞钟状，总苞片 3~4 层，外层较短，内层较长，线状钻形；舌状花淡红色至蓝紫色。瘦果长圆形，有 5 纵棱，冠毛淡褐色。

物 候 期 花果期 8—10 月。

生　　境 草地、湿地、农田、城镇。

原 产 地 北美洲。

进入时间 1947 年。

进入地点 湖北武昌。

进入途径 无意引入。

危害方式 水生环境杂草。

北方分布记录及国内其他分布 **辽宁**：大连（甘井子）；**山东**：东营（河口）；**江苏**：连云港（灌南）、宿迁（泗阳）、徐州（沛县、睢宁）；**河北**：秦皇岛（北戴河、昌黎）；**天津**：宝坻、东丽、河北、河东、和平、河西、红桥、南开、宁河；**北京**：昌平、朝阳、房山、海淀、怀柔、密云、通州；**河南**：洛阳（孟津、新安）、濮阳（范县、台前）、三门

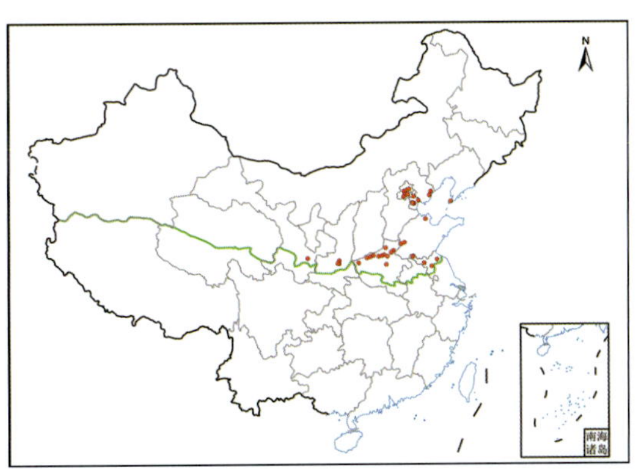

峡（灵宝、渑池）、新乡（长垣、封丘、辉县）、许昌、郑州（巩义、惠济、中牟、荥阳）；**陕西：**西安（灞桥、高陵、未央）；**甘肃：**天水。

华东（苏南、皖南、赣、浙、闽、沪、台）、华中（豫南、鄂、湘、贵）、华南（粤、桂、港、澳）、西南（陕南、川、渝、滇、甘南）。

全球分布 亚洲、大洋洲、北美洲和南美洲。

钻形紫菀

***Symphyotrichum subulatum*（Michx.）G. L. Nesom**

1. 一年生草本，生于路旁、草地、沟渠、稻田边缘；2. 茎直立，无毛，叶披针形；3、4. 头状花序，总苞钟状，总苞片 3~4 层，外层较短，内层较长，线状钻形；5. 瘦果长圆形，有 5 纵棱，冠毛淡褐色；6. 圆明园中果熟期的钻形紫菀。

（图 1、3、5 周达康；图 2、4 李飞飞；图 6 郝强 摄）

★ 国家级入侵和检疫标注 ★

钻形紫菀（异名 *Aster Subulatus* Michx.）于 2014 年被列入《中国外来入侵物种名单（第三批）》。

pó pó zhēn

093 婆婆针 | 鬼针草、鬼钗草

Bidens bipinnata L.

菊科 Asteraceae 鬼针草属 *Bidens*

识别特征 一年生草本。叶对生，二回羽状分裂，末回裂片棱状披针形。头状花序；总苞杯形，外层总苞片 5~7，线形；舌状花 1~3，不育，舌片黄色；管状花筒状，黄色，冠檐 5 齿裂。瘦果线形，具 3~4 棱，顶端芒刺 3~4 枚。

物候期 花期 8—10 月。

生境 草地、湿地、农田、城镇。

原产地 北美洲、南美洲。

进入时间 1861 年。

进入地点 中国香港。

进入途径 无意引入。

危害方式 农田、果园、绿地杂草。

北方分布记录及国内其他分布 **黑龙江：**鸡西（虎林）、牡丹江（宁安）；**辽宁：**鞍山（千山）、本溪（桓仁）、朝阳（凌源）、大连（旅顺口、瓦房店、中山）、葫芦岛（建昌、兴城）、锦州、辽阳（太子河）、沈阳（大东）、铁岭（银州）；**内蒙古：**呼和浩特（赛罕）、通辽（科尔沁左翼后、扎鲁特）、兴安（阿尔山、科尔沁右翼中、突泉）；**山东：**济南（历下）、济宁（曲阜、泗水、微山、邹城）、临沂（沂水）、青岛（崂山、市南）、泰安（泰山）、潍坊（临朐、青州）、烟台（蓬莱）、枣庄（滕州）；**江苏：**连云港（东海、赣榆、灌南、灌云）、宿迁（沭阳、泗阳）、徐州（邳州、铜山）；**河北：**保定（阜平）、承德（滦平、双桥、兴隆）、邯郸（磁县、涉县、武安、永年）、廊坊（永

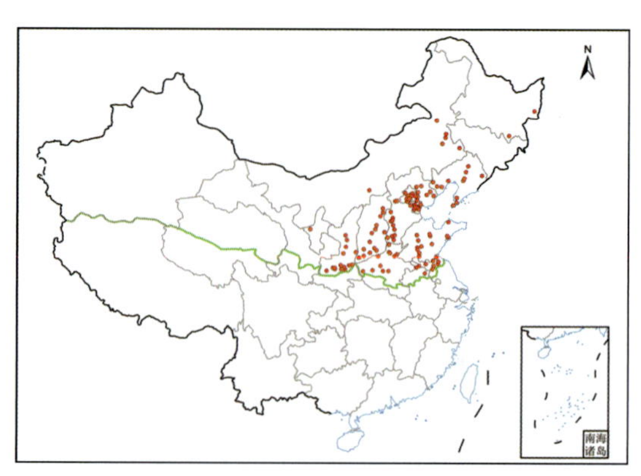

清)、秦皇岛(北戴河、青龙)、石家庄(井陉、灵寿、鹿泉、赞皇)、唐山(迁西)、邢台(内丘)、张家口(蔚县、涿鹿);**天津:**宝坻、北辰、滨海、东丽、河北、河东、和平、河西、红桥、蓟州、津南、静海、南开、宁河、武清、西青;**北京:**昌平、大兴、东城、房山、海淀、怀柔、门头沟、密云、平谷、顺义、西城、延庆;**安徽:**淮北(烈山)、宿州(灵璧);**河南:**安阳(林州)、济源、洛阳(嵩县)、平顶山(郏县)、三门峡(卢氏)、新乡(封丘、辉县、牧野、长垣)、许昌、郑州(登封);**山西:**晋城(沁水、阳城)、晋中(介休、祁县、左权)、临汾(洪洞)、太原(晋源)、忻州(定襄、繁峙、五台)、运城(稷山、盐湖、永济、垣曲);**陕西:**宝鸡(眉县、太白)、铜川(宜君)、渭南(韩城、华州、华阴)、西安(蓝田、临潼、长安、周至)、咸阳(泾阳、武功)、延安(安塞、宝塔、富县);**宁夏:**中卫(沙坡头)。

华东(苏南、皖南、赣、浙、闽、台)、华中(鄂、湘、贵)、华南(粤、桂、琼、港)、西南(川、渝、滇、藏)。

全球分布 亚洲、欧洲和北美洲。

婆婆针

***Bidens bipinnata* L.**

1. 一年生草本，生于路边、荒地、山坡；2. 叶对生；3. 叶片二回羽状分裂，末回裂片棱状披针形；4. 头状花序，总苞杯形；5. 外层总苞片 5~7，线形，舌状花 1~3，舌片黄色；6. 瘦果线形，具 3~4 棱，顶端芒刺 3~4。

（图 1 郝强；图 2~6 周达康 摄）

dà láng pá cǎo

094 大狼杷草 | 接力草、外国脱力草、大狼耙草、大狼把草

Bidens frondosa **L.**

菊科 Asteraceae　鬼针草属 *Bidens*

识别特征　一年生草本。茎直立，分枝，常带紫色。叶对生，一回羽状复叶，小叶 3~5 枚，披针形。头状花序单生茎端和枝端，外层苞片通常 8 枚，叶状，无舌状花，筒状花两性，5 裂。瘦果扁平，狭楔形，顶端芒刺 2 枚。

物候期　花果期 7—10 月。

生　境　草地、湿地、农田、城镇。

原产地　北美洲。

进入时间　1926 年。

进入地点　江苏。

进入途径　无意引入。

危害方式　农田、果园、绿地杂草。

北方分布记录及国内其他分布　**吉林：**吉林（磐石）；**辽宁：**大连（旅顺口）、丹东（宽甸）、阜新（彰武）；**山东：**济南（长清、天桥）、济宁（金乡、泗水、微山、邹城）、临沂（费县）、青岛（崂山）、泰安（宁阳、泰山）；**江苏：**连云港（赣榆、灌云）、宿迁（泗阳）；**河北：**廊坊（香河）；**天津：**滨海、宝坻、蓟州、宁河、武清；**北京：**朝阳、房山、怀柔、门头沟、密云、顺义；**安徽：**淮北；**河南：**焦作（修武）、许昌、周口（郸城）；**陕西：**西安（长安）；**宁夏：**固原（隆德、彭阳）、银川（灵武、永宁）、中卫（海原）；**新疆：**阿勒泰（哈巴河）。

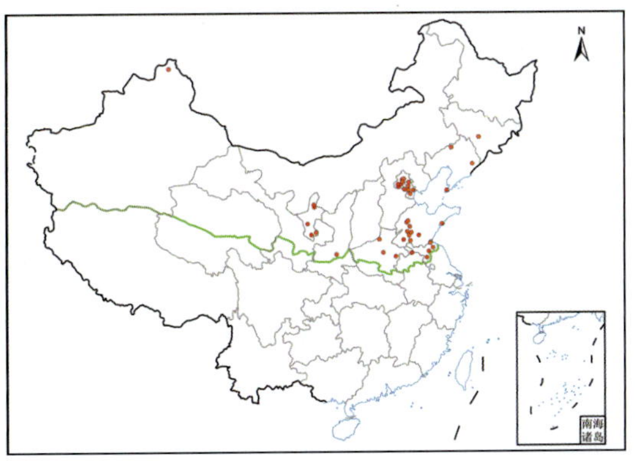

华东（苏南、皖南、赣、浙、沪）、华中（鄂、湘、贵）、华南（桂）、西南（川、渝、滇、甘南）。

全球分布　亚洲、欧洲和北美洲。

大狼杷草

***Bidens frondosa* L.**

1. 一年生草本，生于湿地；2. 茎直立，分枝，常带紫色，叶对生，一回羽状复叶，小叶3~5 枚，披针形；3. 头状花序单生茎端和枝端，外层苞片通常 8 枚，叶状；4. 无舌状花，筒状花两性；5. 瘦果扁平，狭楔形，顶端芒刺 2 枚。

（图 1~5 周达康 摄）

★ 国家级入侵和检疫标注 ★

大狼杷草于 2016 年被列入《中国自然生态系统外来入侵物种名单（第四批）》。

sān yè guǐ zhēn cǎo

095 三叶鬼针草 | 鬼针草

***Bidens pilosa* L.**

菊科 Asteraceae 鬼针草属 *Bidens*

识别特征 一年生草本，茎无毛或上部被极疏柔毛。茎下部叶较小，3 裂或不分裂，中部三出复叶，小叶 3 枚。头状花序，无舌状花，管状花筒状，冠檐 5 齿裂。瘦果熟时黑色，线形，具棱，顶端芒刺 3~4 枚，具倒刺毛。

与白花鬼针草的区别：本种无舌状花，白花鬼针草舌状花裂片较大。

物候期 花果期 8—11 月。

生境 草地、湿地、农田、城镇。

原产地 北美洲、南美洲。

进入时间 1956 年。

进入地点 广东。

进入途径 无意引入。

危害方式 农田、果园、绿地杂草。

北方分布记录及国内其他分布 **辽宁：**鞍山（海城、千山）、本溪（平山）、大连（瓦房店、西岗）、丹东（凤城）、抚顺（抚顺）；**内蒙古：**赤峰（阿鲁科尔沁）；**山东：**滨州（博兴、惠民、阳信）、德州（德城、临邑、平原、庆云）、济南（长清）、济宁（曲阜、兖州）、聊城（茌平、莘县、阳谷）、临沂（平邑）、日照（岚山）、泰安（宁阳）、枣庄（市中）；**江苏：**连云港（东海、赣榆、灌云、海州）、宿迁（泗洪、宿豫）、徐州（新沂）；**河北：**保定（涞源）、承德（宽城、滦平）、秦皇岛（抚宁）、石家庄（鹿泉、赞皇）；**北京：**昌平、海淀、怀柔、门头沟、密云、顺义、延庆；**安徽：**亳州、阜阳、淮北、

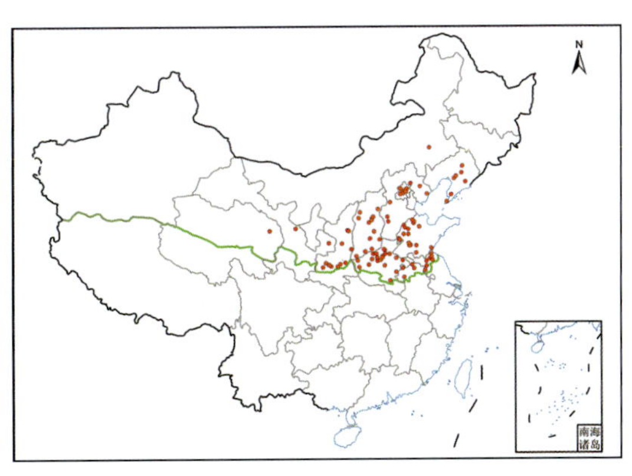

宿州；**河南：**济源、焦作（沁阳）、洛阳（洛龙、嵩县）、三门峡（灵宝、卢氏）、商丘（民权、虞城）、新乡（封丘、凤泉、辉县、原阳）、许昌、郑州（登封、巩义、惠济、新密、中原）、周口（沈丘）、驻马店（正阳）；**山西：**晋城（阳城）、临汾（安泽）、吕梁（交城、临县、兴县）、太原（尖草坪、晋源、阳曲）、忻州（五台）、运城（芮城、垣曲）、长治（平顺、沁县）；**陕西：**宝鸡（眉县、岐山、太白）、渭南（韩城、华州）、西安（长安、临潼、周至）、咸阳（武功）、延安（富县、子长）、榆林（清涧）；**甘肃：**白银（景泰）、庆阳（庆城）；**青海：**西宁（城北）。

华东（苏南、皖南、赣、浙、闽、沪、台）、华中（豫南、鄂、湘、贵）、华南（粤、桂、琼、港、澳）、西南（陕南、川、渝、滇、藏、青南、甘南）。

全球分布　亚洲、大洋洲、欧洲、非洲、北美洲和南美洲。

三叶鬼针草

***Bidens pilosa* L.**

1. 一年生草本，生于路边、荒地、湿地；2. 茎无毛或上部被极疏柔毛；3. 茎中部三出复叶，小叶 3 枚；4. 头状花序，无舌状花，管状花筒状，冠檐 5 齿裂；5. 瘦果熟时黑色，线形，具棱，顶端芒刺 3~4，具倒刺毛。

（图 1~5 郝强 摄）

★ 国家级入侵和检疫标注 ★

三叶鬼针草于 2014 年被列入《中国外来入侵物种名单（第三批）》，2022 年被列入《重点管理外来入侵物种名录》。

nán měi guǐ zhēn cǎo

096 南美鬼针草 | 鬼针草

Bidens subalternans DC.

菊科 Asteraceae 鬼针草属 *Bidens*

识别特征 一年生草本。叶对生，一至二回羽状分裂，末回裂片长圆状披针形。头状花序单生分枝顶端；总苞杯状，外层苞片5~7枚，条形；舌状花通常1~3朵，不育，舌片黄色，椭圆形；管状花筒状，黄色，冠檐5齿裂。瘦果条形，具4棱，顶端具3~4根芒刺。

物 候 期 花期8—10月，果期9—10月。

生　　境 草地、湿地、农田、城镇。

原 产 地 南美洲。

进入时间 2013年。

进入地点 江苏连云港。

进入途径 无意引入。

危害方式 农田、果园、绿地杂草。

北方分布记录及国内其他分布 **山东：**临沂（平邑）、日照（东港）、威海（环翠）、潍坊（昌乐、坊子）；**江苏：**连云港、宿迁（泗洪）；**河北：**秦皇岛（昌黎）、唐山（曹妃甸）；**天津：**滨海、东丽、蓟州、南开、宁河、武清、西青；**北京：**海淀；**山西：**运城（平陆、永济）。

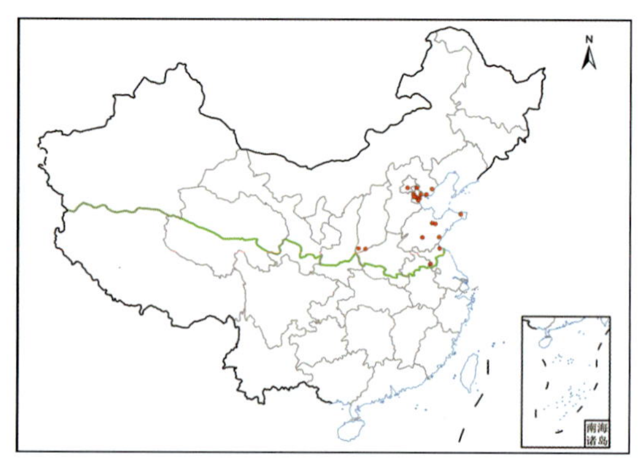

全球分布 亚洲、大洋洲、欧洲、北美洲和南美洲。

南美鬼针草

***Bidens subalternans* DC.**

1. 一年生草本，生于沟边、路旁、荒地；2、3. 叶对生，一至二回羽状分裂，末回裂片长圆状披针形；4. 头状花序生于分枝顶端呈总状，总苞杯状，舌状花，舌片黄色；5. 瘦果条形，具 4 棱，顶端具 3~4 根芒刺。

（图 1~5 张淑梅 摄）

duō bāo láng pá cǎo

097 多苞狼杷草 | 多苞狼耙草、狼把草

Bidens vulgata Greene

菊科 Asteraceae　鬼针草属 *Bidens*

识别特征　一年生草本。茎直立，分枝。叶对生，常一回羽状分裂或具小叶 3~5 枚，小叶披针形。头状花序，外层叶状总苞片 10~21 枚。瘦果褐色、扁平，楔形，顶端芒刺 2 枚。

物 候 期　花果期 8—10 月。

生　　境　草地、湿地、农田、城镇。

原 产 地　美国。

进入时间　2012 年。

进入地点　福建。

进入途径　无意引入。

危害方式　农田、果园、绿地杂草。

北方分布记录及国内其他分布　**山东：**菏泽（成武、牡丹）；**河北：**唐山（丰润）；**天津：**蓟州、武清；**北京：**朝阳、海淀、怀柔、门头沟、密云、顺义、延庆。

华东（苏南、沪）。

全球分布　亚洲、欧洲、北美洲。

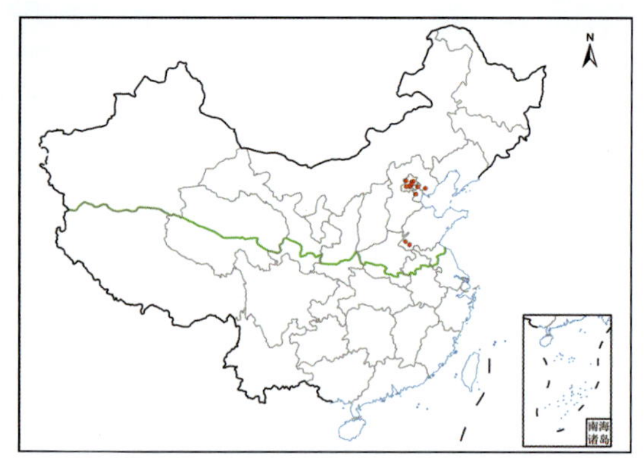

多苞狼杷草

Bidens vulgata **Greene**

1. 一年生草本，生于田间、路边、湿地；2. 茎直立，分枝，叶对生，常一回羽状分裂或具小叶 3~5 枚，小叶披针形；3、4. 头状花序，外层叶状总苞片 10~21 枚。

（图 1~4 张淑梅 摄）

huáng dǐng jú

098 黄顶菊 | 二齿黄菊

***Flaveria bidentis*（L.）Kuntze**

菊科 Asteraceae 黄顶菊属 *Flaveria*

识别特征 一年生草本。茎直立，高可达 1 m，茎节处常带紫色。叶对生，椭圆状披针形，蓝绿色。头状花序密集成蝎尾状伞形花序，舌状花花冠退化，管状花黄色。

物 候 期 花期 7—11 月。

生　　境 森林、灌丛、草地、湿地、农田、城镇。

原 产 地 南美洲。

进入时间 2001 年。

进入地点 天津。

进入途径 有意引入，作为观赏植物。

危害方式 农田、果园、绿地杂草。

北方分布记录及国内其他分布 **山东：**滨州（惠民）、德州（德城、临邑、禹城）、东营（河口）、菏泽（曹县）、济南（历城、平阴、商河、天桥）、济宁（金乡）、聊城（东阿）；**河北：**保定（清苑）、沧州（泊头、任丘）、衡水（冀州、桃城）、廊坊（安次、霸州、大城、广阳、文安）、秦皇岛（昌黎）、石家庄（鹿泉）、邢台（临城、宁晋）、张家口（蔚县）；**天津：**蓟州、静海、南开、西青；**北京：**海淀；**河南：**安阳（林州）、鹤壁（淇滨）、濮阳（南乐）。

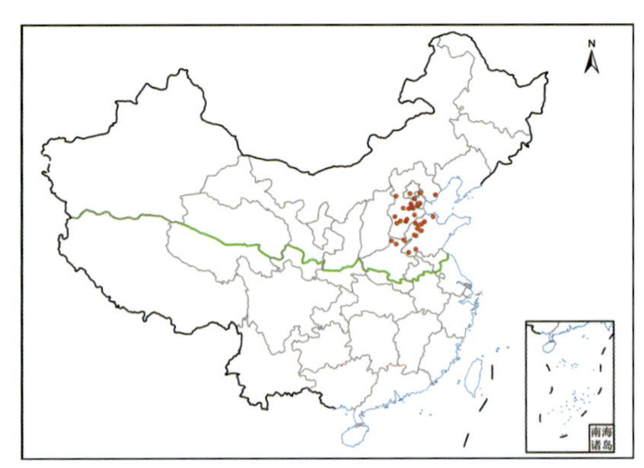

华东（赣）。

全球分布 亚洲、欧洲、非洲、北美洲和南美洲。

黄顶菊

***Flaveria bidentis*（L.）Kuntze**

1. 一年生草本，茎直立，生于荒地、路旁、果园、林地、农田、草地；2. 茎节处常带紫色，叶对生，椭圆状披针形；3. 头状花序密集成蝎尾状伞形花序；4. 舌状花花冠退化，管状花黄色。

（图 1~4 郝强 摄）

★ 国家级入侵和检疫标注 ★

黄顶菊于 2010 年被列入《中国第二批外来入侵物种名单》，2022 年被列入《重点管理外来入侵物种名录》，又作为危险性杂草被收录在《中华人民共和国进境植物检疫性有害生物名录》。

yìn jiā kǒng què cǎo

099 印加孔雀草 | 小花万寿菊、细花万寿菊

Tagetes minuta L.

菊科 Asteraceae 万寿菊属 *Tagetes*

识别特征 一年生草本，株高可达 2.5 m，有芳香。茎有纵肋，老时基部近木质化。叶对生，羽状全裂，叶轴具狭翅，小叶线状披针形。头状花序狭圆柱状，排成顶生伞房花序；总苞片合生成管状，黄绿色，无毛，并有棕色或橙色的腺点；舌状花 2~3 朵，淡黄色到乳白色；管状花 4~7 朵，黄色。瘦果黑褐色，线状长圆形。

物 候 期 花果期 7—10 月。

生　　境 灌丛、草地、湿地、农田、城镇。

原 产 地 南美洲。

进入时间 1990 年。

进入地点 北京。

进入途径 无意引入。

危害方式 农田、果园、绿地杂草。

北方分布记录及国内其他分布 **辽宁：**大连（甘井子、金州）；**山东：**济南（历城）、青岛（崂山）、日照（东港）；**江苏：**连云港（赣榆）；**河北：**石家庄（平山）、唐山（开平、曹妃甸）；**北京：**昌平；**山西：**阳泉（郊区）；**宁夏：**银川。

华东（苏南、赣、台）、西南（藏、青南）。

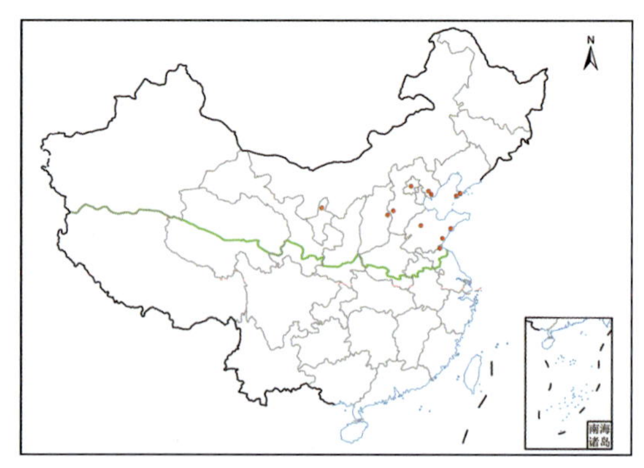

全球分布 亚洲、大洋洲、欧洲、非洲、北美洲和南美洲。

印加孔雀草

***Tagetes minuta* L.**

1. 一年生草本，生于路边、山坡、沟渠、荒地；2. 在村落，常与孔雀草混生，植株高可达 2.5 m；3. 叶对生，羽状全裂，叶轴具狭翅，小叶线状披针形，头状花序狭圆柱状，排成顶生伞房花序；4. 总苞片合生成管状，黄绿色，无毛，并有棕色或橙色的腺点，舌状花 2~3 朵，淡黄色到乳白色，管状花 4~7 朵，黄色；5. 甲虫传粉。

（图 1~5 郝强 摄）

tún cǎo

100 豚草 | 豕草、破布草、艾叶、美洲艾

Ambrosia artemisiifolia L.

菊科 Asteraceae 豚草属 *Ambrosia*

识别特征 一年生草本。茎直立，上部分枝圆锥状，有棱，被疏生密糙毛。叶二回羽状分裂，裂片狭小，倒披针形，全缘。雄头状花序卵形，在枝端密集成总状花序，花冠淡黄色；雌头状花序无花序梗，在雄头状花序下方或下部叶腋单生。瘦果倒卵形，无毛，藏于坚硬的总苞中。

物候期 花期8—9月，果期9—10月。

生 境 草地、湿地、农田、城镇。

原产地 美国和加拿大南部。

进入时间 1935年。

进入地点 浙江。

进入途径 无意引入。

危害方式 农田、果园、绿地杂草。

北方分布记录及国内其他分布 **黑龙江：**哈尔滨、大庆、鸡西（密山）、佳木斯（汤原）、牡丹江（宁安）、双鸭山；**吉林：**吉林（船营、丰满）、磐石、松原（前郭尔罗斯）；**辽宁：**鞍山（岫岩）、本溪（桓仁）、丹东（凤城、宽甸）、抚顺（东洲、清原）、葫芦岛（兴城）、沈阳（浑南、于洪）、铁岭（铁岭、西丰）；**内蒙古：**通辽（科尔沁左翼中、扎鲁特）；**山东：**青岛（崂山）；**河北：**秦皇岛（北戴河、昌黎、海港）；**天津：**滨海；**北京：**昌平、门头沟、密云、顺义；**安徽：**淮北、阜阳、宿州（埇桥）；**河南：**新

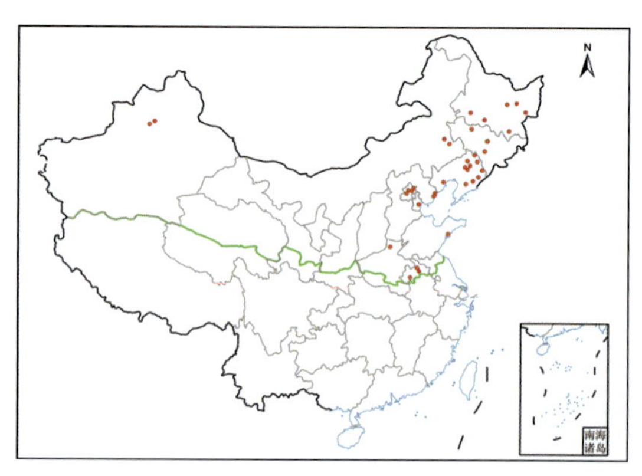

乡（辉县）；**新疆：**伊犁（尼勒克、新源）。

华东（苏南、皖南、赣、浙、闽、沪、台）、华中（豫南、鄂、湘、贵）、华南（粤、桂）、西南（陕南、川、滇、藏）。

全球分布 亚洲、大洋洲、欧洲、非洲、北美洲和南美洲。

豚草

***Ambrosia artemisiifolia* L.**

1. 一年生草本，生于路边、草地、水沟，茎直立，上部分枝圆锥状，有棱，被疏生密糙毛；2. 叶二回羽状分裂，裂片狭小，倒披针形，全缘；3. 雄头状花序卵形，在枝端密集成总状花序，花冠淡黄色，雌头状花序无花序梗，在雄花序下方或下部叶腋单生；4. 雄花序细部。

（图 1~4 李飞飞 摄）

★ 国家级入侵和检疫标注 ★

豚草于 2003 年被列入《中国第一批外来入侵物种名单》，2022 年被列入《重点管理外来入侵物种名录》；本属作为危险性杂草被收录在《中华人民共和国进境植物检疫性有害生物名录》。

sān liè yè tún cǎo

101 三裂叶豚草 | 三裂豚草、大破布草

Ambrosia trifida L.

菊科 Asteraceae 豚草属 *Ambrosia*

识别特征 一年生粗壮草本。高可达 1.7 m，有分枝，被短糙毛。叶对生，常 3 裂，裂片卵状披针形，有锐齿，两面被糙伏毛。雄头状花序多数，在枝端密集成总状；每个头状花序有 20~25 朵不育小花，小花黄色；花冠钟形，上端 5 裂，外面有 5 道紫色条纹；雌头状花序在雄头状花序下面叶状苞片的腋部成团伞状。瘦果倒卵形，无毛，藏于坚硬的总苞中。

物候期 花果期 8—10 月。

生境 灌丛、草地、湿地、农田、城镇。

原产地 北美东部。

进入时间 1930 年。

进入地点 辽宁铁岭。

进入途径 无意引入。

危害方式 农田、果园、绿地杂草。

北方分布记录及国内其他分布 **黑龙江：**大兴安岭（漠河）、哈尔滨（南岗、香坊）、黑河、齐齐哈尔、七台河（新兴）；**吉林：**白山（浑江）、长春（宽城、南关）、吉林（丰满、蛟河、龙潭）、四平（铁东）、松原（扶余）、延边（安图、敦化）；**辽宁：**鞍山（铁西、岫岩）、本溪（桓仁、平山、溪湖）、大连（甘井子、金州、旅顺口、普兰店、庄河）、丹东（振安、振兴）、抚顺（顺城、望花）、阜新（彰武）、辽阳（宏伟、太子河）、盘锦（大洼）、沈阳（大东、法库、和平、皇姑、浑南、辽中、沈北、沈河、苏家屯、铁西、新

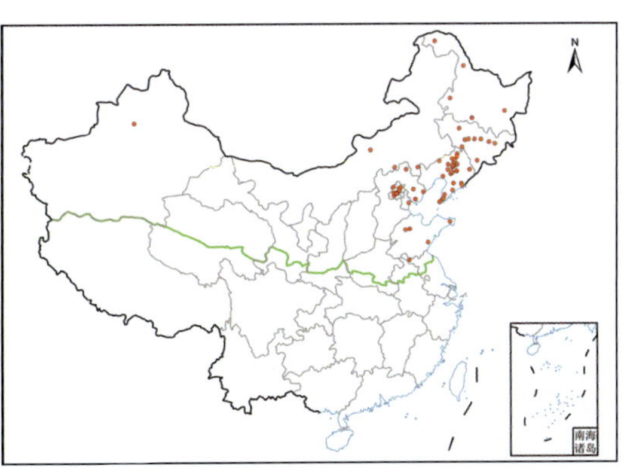

民、于洪）、铁岭（昌图、开原、铁岭）；**内蒙古：**赤峰（元宝山）、锡林郭勒（多伦、苏尼特左）；**山东：**济南（历下、章丘）、日照（东港）、威海（文登）；**江苏：**徐州；**河北：**承德（围场）、秦皇岛（北戴河）、唐山（迁西、曹妃甸）；**天津：**滨海；**北京：**房山、丰台、海淀、怀柔、门头沟、密云、顺义、西城、延庆；**新疆：**伊犁（新源）。

华东（赣、浙、闽）、华中（鄂、湘、贵）、西南（川）。

全球分布 亚洲、欧洲、北美洲和南美洲。

三裂叶豚草

***Ambrosia trifida* L.**

1. 一年生粗壮草本，生于荒地、路边、草地、农田、果园、疏林地；2. 叶对生，常 3 裂，裂片卵状披针形，有锐齿；3. 雄头状花序多数，在枝端密集成总状；4. 每个头状花序有 20~25 朵不育小花，小花黄色，花冠钟形，上端 5 裂，外面有 5 道紫色条纹；5. 雌头状花序在雄头状花序下面叶状苞片的腋部成团伞状；6. 瘦果成熟后脱落，总苞宿存。

（图 1 周达康；图 2 刘冰；图 3 徐晔春；图 4~6 林秦文 摄）

★ 国家级入侵和检疫标注 ★

三裂叶豚草于 2010 年被列入《中国第二批外来入侵物种名单》，2022 年被列入《重点管理外来入侵物种名录》；本属作为危险性杂草被收录在《中华人民共和国进境植物检疫性有害生物名录》。

jiǎ cāng ěr

102 假苍耳

Cyclachaena xanthiifolia（Nutt.）Fresen.

菊科 Asteraceae　假苍耳属 *Cyclachaena*

识别特征　一年生草本。茎直立，多分枝，具纵棱。叶片三角状宽卵形，通常掌状 3~5 浅裂，具齿。头状花序排成圆锥花序状，花序枝顶生及腋生。总苞陀螺状至半球形，雄性小花黄色。瘦果倒卵形，黑褐色。

物 候 期　花期 7—10 月。

生　　境　草地、湿地、农田、城镇

原 产 地　美国。

进入时间　1981 年。

进入地点　辽宁朝阳。

进入途径　无意引入。

危害方式　农田、果园、绿地杂草。

北方分布记录及国内其他分布　**黑龙江：**哈尔滨（南岗、双城）、大庆（大同、龙凤）、鹤岗（向阳）、佳木斯（前进）、齐齐哈尔（建华）、绥化（肇东）；**辽宁：**朝阳（朝阳）、阜新（阜新、清河门、太平、细河、新邱、彰武）、沈阳；**内蒙古：**赤峰（红山）；**河北：**承德（隆化）；**新疆：**塔城（塔城）。

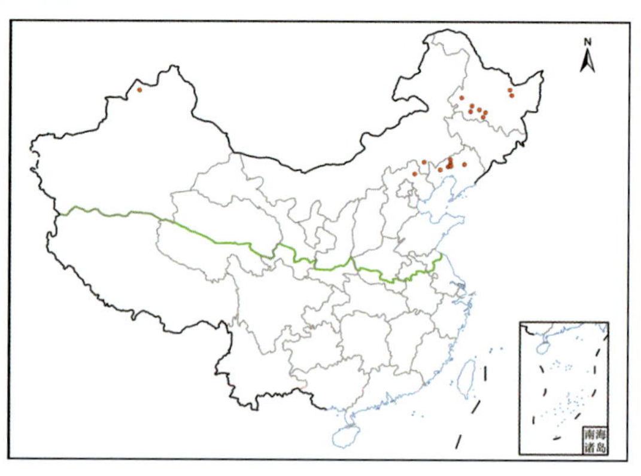

全球分布　亚洲、欧洲、北美洲。

假苍耳

***Cyclachaena xanthiifolia* （Nutt.）Fresen.**

1. 一年生草本，生于田野、平原、溪流边；2. 茎直立，多分枝，具纵棱，叶片三角状宽卵形，通常掌状 3~5 浅裂，具齿；3. 头状花序排成圆锥花序状，花序枝顶生及腋生；4、5. 总苞陀螺状至半球形，雄性小花黄色。

（图 1~5 张淑梅 摄）

★ 国家级入侵和检疫标注 ★

假苍耳于 2022 年被列入《重点管理外来入侵物种名录》。假苍耳（异名 *Iva xanthifolia* Nutt.）作为危险性杂草被收录在《中华人民共和国进境植物检疫性有害生物名录》。

yín jiāo jú

103 银胶菊

Parthenium hysterophorus L.

菊科 Asteraceae 银胶菊属 *Parthenium*

识别特征 一年生草本。茎多分枝，被柔毛。中下部叶二回羽状深裂，上部叶无柄，羽裂。头状花序多数，在茎枝顶端排成伞房状；舌状花 1 层，5 个，白色，舌片卵圆形，先端 2 裂；管状花多数，檐部 4 浅裂，具乳突，雄蕊 4。

银胶菊属植物 *P. argentatum* A. Gray 可用于生产天然橡胶；本属另有一种 *P. integrifolium* L. 作为观赏花卉被引入我国北京地区，该观赏种较银胶菊植株更加粗壮，基生叶长圆状披针形，花大。

物 候 期 花果期 8—10 月。

生　　境 草地、湿地、农田、城镇。

原 产 地 北美洲和南美洲。

进入时间 1926 年。

进入地点 云南。

进入途径 有意引入，作为观赏植物。

危害方式 具化感作用，破坏生物多样性。

北方分布记录及国内其他分布 **山东：**济南（历城、平阴）、济宁（任城）、临沂（莒南、兰山、平邑、沂南）、日照（岚山）、泰安（岱岳）、潍坊（坊子）、枣庄（山亭）；**江苏：**连云港（赣榆、连云）、宿迁（泗洪、宿城）；**河南：**安阳（林州）、新乡（辉县）。

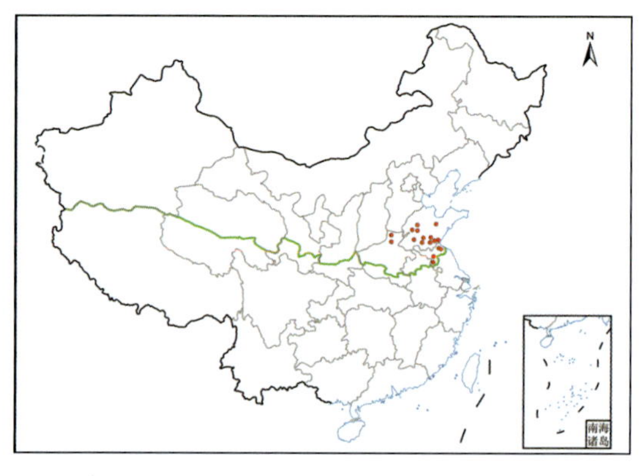

华东（苏南、赣、闽、台）、华中（湘、贵）、华南（粤、桂、琼、港、澳）、西南（川、渝、滇）。

全球分布 亚洲、欧洲、非洲、北美洲和南美洲。

银胶菊

***Parthenium hysterophorus* L.**

1. 一年生草本，生于路旁、荒地，茎多分枝，被柔毛，上部叶无柄，羽裂；2. 中下部叶二回羽状深裂；3. 头状花序多数，在茎枝顶端排成伞房状；4. 舌状花 1 层，5 个，白色，舌片卵圆形，先端 2 裂，管状花多数，具乳突；5. 观赏栽培品种 *P. integrifolium* 花序更大，头状花大而且更加密集；6. *P. integrifolium* 植株粗壮，基生叶椭圆状披针形。

（图 1 李飞飞；图 2~4 朱鑫鑫；图 5、6 王雪芹 摄）

★ 国家级入侵和检疫标注 ★

银胶菊于 2010 年被列入《中国第二批外来入侵物种名单》，2022 年被列入《重点管理外来入侵物种名录》。

yì dà lì cāng ěr

104 意大利苍耳

Xanthium italicum Moretti

菊科 Asteraceae 苍耳属 *Xanthium*

识别特征 一年生草本。茎粗壮，圆柱状，常多分枝，粗糙具毛，有紫色条形斑点。单叶互生，叶三角状宽卵形，3~5 浅裂，具三基出脉。头状花序单性同株，雄花序球形，生于雌花序的上方，排成总状；雌花序具 2 花。刺果长 23~26 mm，刺长 4.5~6.5 mm，被扁平的长糙毛。

物候期 花果期 7—9 月。

生境 草地、湿地、农田、城镇。

原产地 北美洲、南美洲。

进入时间 1992 年。

进入地点 北京。

进入途径 无意引入。

危害方式 农田、果园、绿地杂草。

北方分布记录及国内其他分布 **黑龙江：**牡丹江（东宁）、绥化（肇东）、伊春（伊美）；**吉林：**吉林（磐石）、辽源（东丰）、四平（铁东）、通化、延边（敦化、和龙、珲春、龙井、延吉）；**辽宁：**鞍山（铁西）、本溪（本溪、明山）、朝阳（朝阳）、大连（甘井子、金州、旅顺口）、抚顺（东洲、顺城、望花）、锦州（古塔）、沈阳（浑南、沈北）、营口（鲅鱼圈）；**山东：**东营（河口）、泰安（泰山）；**河北：**承德（隆化、滦平、围场）、邯郸（武安）、秦皇岛（北戴河、抚宁）、唐山（曹妃甸、丰润）、张家口（怀来、桥东、桥西、万全、宣化）；**北京：**昌平、朝阳、大兴、房山、丰台、海淀、怀柔、门头

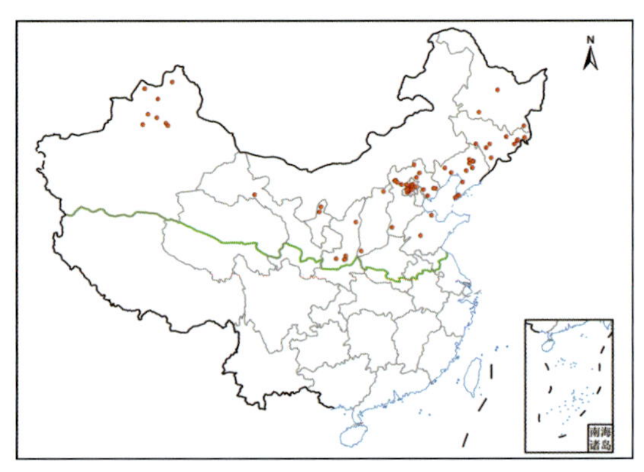

沟、密云、顺义、平谷、通州、延庆；**山西：**大同、运城（永济）；**陕西：**西安（灞桥、高陵、雁塔）、咸阳（杨陵）、榆林（绥德）；**甘肃：**酒泉（肃州）；**宁夏：**吴忠（青铜峡）、银川（金凤）；**新疆：**阿勒泰（布尔津）、昌吉、石河子、塔城（额敏、托里）、乌鲁木齐（新市）、伊犁（奎屯、新源）。

华东（皖南、浙、闽）、华南（桂）、西南（陕南、甘南）。

全球分布　亚洲、欧洲、非洲、北美洲和南美洲。

意大利苍耳

***Xanthium italicum* Moretti**

1. 一年生草本，生于荒地、田间、河滩、沟边、路旁；2. 茎粗壮，圆柱状，常多分枝，有紫色条形斑点，单叶互生；3. 叶三角状宽卵形，3~5 浅裂，具三基出脉；4. 雌花序顶生或腋生，囊状总苞结果时圆柱形；5. 刺果上具复倒钩刺。

（图 1、4、5 郝强；图 2、3 李飞飞 摄）

★ 国家级入侵和检疫标注 ★

苍耳属非国产种作为危险性杂草被收录在《中华人民共和国进境植物检疫性有害生物名录》。

cì cāng ěr

105 刺苍耳

Xanthium spinosum L.

菊科 Asteraceae 苍耳属 *Xanthium*

识别特征 一年生直立草本。茎上部多分枝，节上具三叉状棘刺，黄色，刺长 1~3 cm。叶狭卵状披针形，边缘 3~6 浅裂或不裂、全缘，中间裂片较长，叶背面密被灰白色毛。花单性，雌雄同株；雄花序球状，生于上部，雌花序卵形，生于雄花序下部。刺果倒卵状椭圆形，果体被绵毛，具细倒钩刺，内分 2 室，各有一纺锤状种子，种子浅灰色。

物候期 花期 6—10 月，果期 7—11 月。

生境 草地、湿地、农田、城镇。

原产地 南美洲。

进入时间 1932 年。

进入地点 河南郸城。

进入途径 有意引入，当作药用植物。

危害方式 农田、果园、绿地杂草。

北方分布记录及国内其他分布 **辽宁：**大连（旅顺口）、锦州（义县）、沈阳；**内蒙古：**呼和浩特（回民、土默特左）；**河北：**沧州（泊头）、张家口（尚义）；**北京：**丰台、海淀；**河南：**开封、许昌、郑州（新密）、周口（郸城）；**安徽：**阜阳（界首、临泉）、淮北、宿州（砀山）；**山西：**运城（平陆、盐湖、永济）；**陕西：**咸阳（杨陵）；**甘肃：**白银（靖远）、平凉（崆峒、泾川）、庆阳（庆城）；**宁夏：**固原（原州）、吴忠（红寺堡、青铜峡、

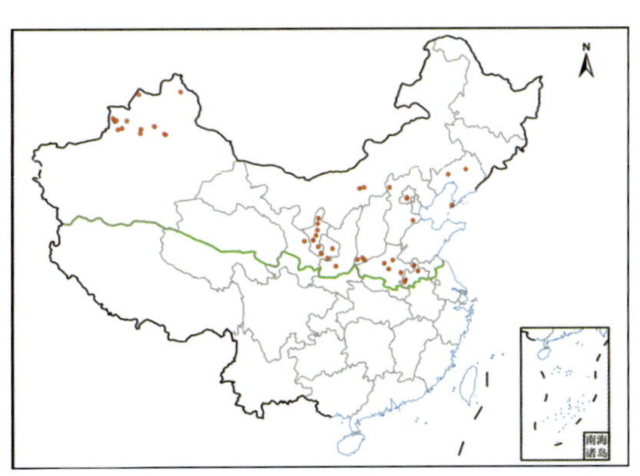

同心）、银川（西夏）、中卫（海原）；**新疆：**阿勒泰、博尔塔拉（阿拉山口）、昌吉（玛纳斯）、石河子、塔城、乌鲁木齐（沙依巴克、天山、头屯河）、伊犁（察布查尔、巩留、霍城、尼勒克、特克斯、新源、伊宁）。

华东（皖南）、华中（豫南、湘）、华南（桂）、西南（滇、甘南）。

全球分布　亚洲、大洋洲、欧洲、非洲、北美洲和南美洲。

刺苍耳

***Xanthium spinosum* L.**

1. 一年生直立草本，生于农田、荒地；2. 茎上部多分枝，狭卵状披针形，边缘 3~6 浅裂或不裂、全缘，中间裂片较长；3. 节上具三叉状棘刺，黄色，刺长 1~3 cm；4. 雄花序球状，生于上部；5. 刺果倒卵状椭圆形，果体被绵毛，具细倒钩刺。

（图 1、4、5 周达康；图 2、3 李飞飞 摄）

★ 国家级入侵和检疫标注 ★

刺苍耳于 2014 年被列入《中国外来入侵物种名单（第三批）》，2022 年被列入《重点管理外来入侵物种名录》；本属非国产种作为危险性杂草被收录在《中华人民共和国进境植物检疫性有害生物名录》。

jú yù

106 菊芋 | 鬼子姜、番羌、洋羌、五星草、菊诸、洋姜

Helianthus tuberosus L.

菊科 Asteraceae 向日葵属 *Helianthus*

识别特征 多年生草本。根状茎横走，先端膨大成块茎。茎直立，高达 3 m，有分枝。叶对生，长椭圆形，有粗锯齿，离基三出脉，腹面被白色粗毛，叶脉有硬毛。头状花序单生枝端；舌状花 12~20，舌片黄色；管状花花冠黄色。总苞片多层，披针形，果实成熟时花瓣脱落。瘦果小，楔形。

物候期 花期 8—9 月。

生境 灌丛、草地、湿地、农田、城镇。

原产地 北美洲。

进入时间 1918 年。

进入地点 山东青岛 。

进入途径 有意引入，作为食用和观赏植物。

危害方式 农田、果园、绿地杂草。

北方分布记录及国内其他分布 **黑龙江：**哈尔滨（双城）、黑河（爱辉）、鸡西（城子河、虎林）、牡丹江（爱民、绥芬河）、双鸭山（岭东）、绥化（庆安）、伊春（伊美）；**吉林：**白山（抚松）、吉林（船营、磐石）、延边（龙井）；**辽宁：**鞍山（千山）、本溪（明山）、大连（旅顺口）、丹东（东港）、锦州（太和）、辽阳（宏伟）、沈阳（大东、浑南、沈河、于洪）、铁岭（银州）、营口（大石桥）；**内蒙古：**呼伦贝尔（阿荣）、通辽（科尔沁左翼中）、锡林郭勒（正镶白）；**山东：**东营（河口）、济宁（金乡、曲阜、泗水、微山、

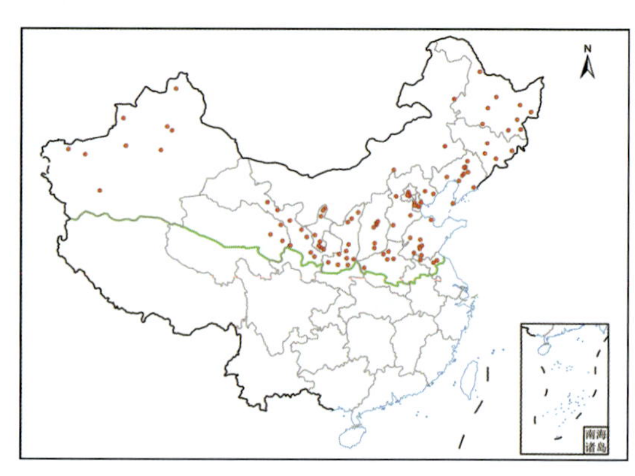

邹城）、聊城（东昌府）、泰安（泰山）；**江苏：**连云港（东海）、徐州（沛县、新沂）；**河北：**沧州（泊头）、秦皇岛（北戴河）、唐山（迁西）、邢台（内丘）、张家口（蔚县）；**天津：**滨海、东丽、宁河、武清、西青；**北京：**昌平、丰台、海淀、门头沟；**河南：**焦作（解放）、开封、三门峡（卢氏）、新乡（辉县）、郑州；**山西：**晋城（沁水）、临汾（安泽）、吕梁（交城）、太原（尖草坪、晋源、万柏林、阳曲）；**陕西：**宝鸡、铜川（宜君）、渭南（富平、华阴）、西安（蓝田、周至）、咸阳（旬邑）、延安（富县）、榆林（横山、神木、榆阳）；**甘肃：**白银（景泰、靖远）、定西（通渭）、临夏（积石山）、平凉（崆峒）、天水（秦安）、武威（凉州）、张掖（高台、山丹）；**宁夏：**固原（泾源、隆德、原州）、石嘴山（惠农、平罗）、银川（永宁）、中卫（海原）；**青海：**海南（共和）、黄南（同仁）、西宁（大通）；**新疆：**阿克苏（新和）、阿勒泰（布尔津）、昌吉（呼图壁）、巴音郭楞（和硕）、和田（洛甫）、喀什（巴楚）、克孜勒苏（阿图什）、乌鲁木齐（新市）、伊犁（伊宁）。

华东（苏南、皖南、赣、浙、闽、沪）、华中（豫南、鄂、湘、贵）、华南（粤、桂、琼）、西南（陕南、川、渝、滇、甘南）。

全球分布 亚洲、欧洲、北美洲和南美洲。

菊芋

***Helianthus tuberosus* L.**

1. 多年生草本，生于路边、田野、河滩、荒地等，茎直立，有分枝；2. 叶对生，长椭圆形，有粗锯齿，离基三出脉，腹面被白色粗毛，叶脉有硬毛；3. 地下块茎可食用，常用于腌制酱菜；4. 头状花序单生枝端，舌状花 12~20，舌片黄色；5. 管状花花冠黄色；6. 总苞片多层，披针形，果实成熟时花瓣脱落。

（图 1、2、4 崔夏；图 3、6 朱鑫鑫；图 5 郝强 摄）

niú xī jú

107 牛膝菊 | 铜锤草、珍珠草、向阳花、辣子草、小米菊

Galinsoga parviflora Cav.

菊科 Asteraceae 牛膝菊属 *Galinsoga*

识别特征 一年生草本，茎枝被贴伏柔毛和少量腺毛。叶对生，卵形。花序下部叶披针形，具波状浅锯齿。头状花序半球形，排成疏散伞房状；舌状花舌片白色，先端3齿裂；管状花黄色。瘦果黑褐色。

物候期 花果期6—10月。

生境 森林、灌丛、草地、湿地、农田、城镇。

原产地 南美洲。

进入时间 1914年。

进入地点 云南。

进入途径 无意引入。

危害方式 农田、果园、绿地杂草。

北方分布记录及国内其他分布 **黑龙江：**哈尔滨（香坊）、鸡西（虎林、鸡冠）、佳木斯（汤原）、牡丹江（宁安）、七台河（桃山）、双鸭山（集贤）；**吉林：**吉林（船营）、延边（珲春、龙井、延吉）；**辽宁：**鞍山（岫岩）、本溪、大连（甘井子、旅顺口、沙河口、庄河）、丹东、抚顺、葫芦岛（绥中）、锦州（太和）、沈阳（大东、和平、沈河）、铁岭（铁岭）、营口；**内蒙古：**赤峰、鄂尔多斯（东胜）、呼和浩特（和林格尔、回民、清水河、赛罕、土默特左、托克托、武川、新城、玉泉）、呼伦贝尔（阿荣、扎兰屯）、通辽（科尔沁左翼中）、兴安（乌兰浩特）；**山东：**滨州（邹平）、济南（长清）、济宁（泗水、邹城）、临沂（费县）、青岛（崂山）、泰安（宁阳、泰山）；

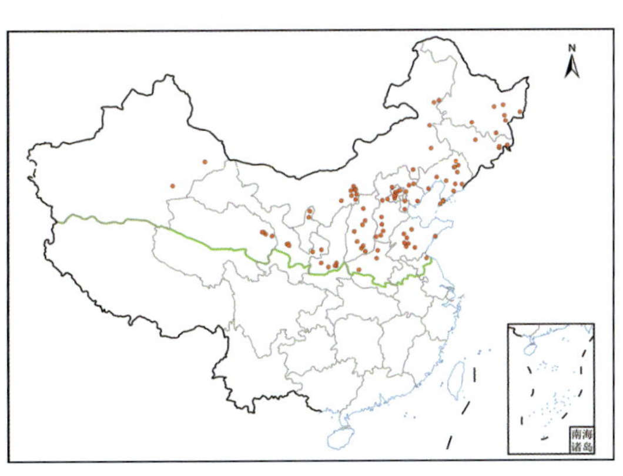

江苏：连云港（海州）；**河北：**承德（平泉、双桥、兴隆）、邯郸（涉县、武安）、石家庄（灵寿、赞皇）、唐山（乐亭）、邢台、张家口（赤城、蔚县、涿鹿）；**天津：**东丽、蓟州；**北京：**昌平、房山、海淀、怀柔、门头沟、密云；**河南：**洛阳（栾川）、新乡（辉县）、郑州；**山西：**晋城（沁水、阳城）、临汾、吕梁（交城、交口）、太原（尖草坪）、忻州（宁武）；**陕西：**宝鸡（凤翔）、西安（灞桥、高陵、未央、周至）；**甘肃：**兰州（安宁、城关、七里河）、平凉（崆峒）、庆阳（西峰）；**宁夏：**石嘴山（大武口）、银川；**青海：**海东（民和、平安）、西宁（城东、城西）；**新疆：**哈密、吐鲁番（鄯善）。

华东（苏南、皖南、赣、浙、闽、沪、台）、华中（豫南、鄂、湘、贵）、华南（粤、桂、琼、港、澳）、西南（陕南、川、渝、滇、藏、甘南）。

全球分布　亚洲、欧洲、非洲、北美洲和南美洲。

牛膝菊

***Galinsoga parviflora* Cav.**

1. 一年生草本，生于林下、河谷、荒野、田间、溪边、路旁；2. 茎枝被贴伏柔毛和少量腺毛；3. 叶对生，卵形，花序下部叶披针形，具波状浅锯齿；4. 头状花序半球形，排成疏散伞房状，舌状花舌片白色，先端 3 齿裂，管状花黄色。

（图 1 潘建斌；图 2、3 薛凯；图 4 周繇 摄）

cū máo niú xī jú

108 粗毛牛膝菊 | 睫毛牛膝菊

Galinsoga quadriradiata Ruiz & Pav.

菊科 Asteraceae 牛膝菊属 *Galinsoga*

识别特征 一年生草本植物。茎基部粗壮，枝被长柔毛和腺毛。叶对生，卵形，茎叶两面被白色柔毛，叶边缘有粗锯齿。头状花序半球形；舌状花白色，管状花黄色。茎枝，尤其靠近及连接花序部分，被开展稠密长柔毛。

与牛膝菊的区别：本种茎枝（尤以接花序处及以下部分）被稠密长柔毛，叶片边缘有粗锯齿；牛膝菊茎枝被疏散贴伏短柔毛，叶片边缘具浅锯齿。

物候期 花果期6—10月。

生境 森林、灌丛、草地、湿地、农田、城镇。

原产地 墨西哥。

进入时间 1943年。

进入地点 四川成都。

进入途径 无意引入。

危害方式 农田、果园、绿地杂草。

北方分布记录及国内其他分布 **黑龙江：**哈尔滨、黑河（北安）、牡丹江（爱民）、双鸭山（尖山）、伊春（伊美）；**吉林：**白山（抚松）、长春（南关）、吉林（船营）、通化；**辽宁：**鞍山（铁东、岫岩）、本溪（桓仁、溪湖）、朝阳、大连（旅顺口、西岗、中山）、丹东（东港、振兴）、抚顺（新宾）、葫芦岛（龙港、兴城）、锦州（太和）、沈阳（浑南、康平）、铁岭（银州）；**内蒙古：**赤峰（林西）、鄂尔多斯（东胜）、呼和浩特（和林格尔、回民、清水河、赛罕、土默特左、托克托、武川、新城、玉泉）；**河北：**承德

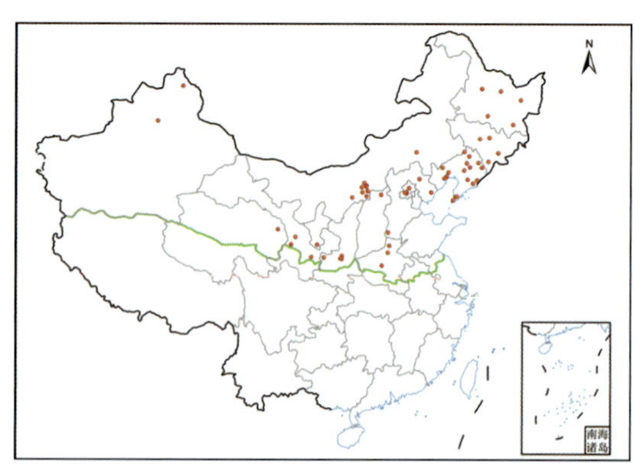

（双桥）、邯郸（涉县）、秦皇岛（昌黎）；**北京：**丰台、海淀、怀柔、门头沟；**河南：**平顶山（鲁山）、新乡（辉县）、郑州（惠济）；**山西：**大同；**陕西：**宝鸡（渭滨）、西安（灞桥、高陵、未央）；**甘肃：**兰州、临夏（临夏）、天水（秦州）；**宁夏：**固原（泾源）；**青海：**西宁（城东）；**新疆：**阿勒泰、石河子。

华东（苏南、皖南、赣、浙、沪、台）、华中（鄂、贵）、西南（陕南、渝、滇）。

全球分布　亚洲、欧洲、非洲、北美洲和南美洲。

粗毛牛膝菊

***Galinsoga quadriradiata* Ruiz & Pav.**

1. 一年生草本植物，生于田间、溪边、河谷、林下、荒地；2. 枝被长柔毛和腺毛，叶对生，卵形；3. 茎叶两面被白色柔毛，叶边缘有粗锯齿；4. 头状花序半球形，舌状花白色，管状花黄色。

（图 1、3 郝强；图 2、4 周达康 摄）

jī shǐ téng

109 鸡矢藤 | 鸡屎藤、解暑藤、女青、牛皮冻

***Paederia foetida* L.**

茜草科 Rubiaceae 鸡屎藤属 *Paederia*

识别特征 多年生藤本，藤蔓长可达5 m。叶对生，膜质，卵形或披针形；托叶卵状披针形，顶部2裂。圆锥花序腋生或顶生；花有小梗，生于柔弱的蝎尾状三歧聚伞花序上；花萼钟形，萼檐裂片钝齿形；花冠边缘白色，内侧紫蓝色。浆果阔椭圆形，压扁状，光亮；种子浅黑色。

本种新鲜叶片在我国广东、香港地区常用于制作特色点心，有清热解毒之效。该种植物自河南、陕西等由南向北传播，近年来已在河北、山东、北京等地大量繁殖扩散；可依靠缠绕茎和地下走茎抵抗冬季低温，并在春季快速蔓延。本种极难被清除，应当加强对其的监测和管理。

物候期 花期8—9月，果期9—11月。

生境 森林、灌丛、草地、湿地、农田、城镇。

原产地 中国东南部及东南亚地区。

进入途径 有意引入，作为药用植物引种栽培。

危害方式 农田、果园、绿地杂草，攀援生长，破坏生物多样性。

北方分布记录及国内其他分布 **辽宁：**大连（甘井子）；**山东：**菏泽、济南（槐荫、莱芜、历下、章丘）、青岛（崂山、市南）、泰安（泰山）、潍坊（青州）、烟台（牟平）；**江苏：**连云港（灌南、连云）、宿迁（泗洪、

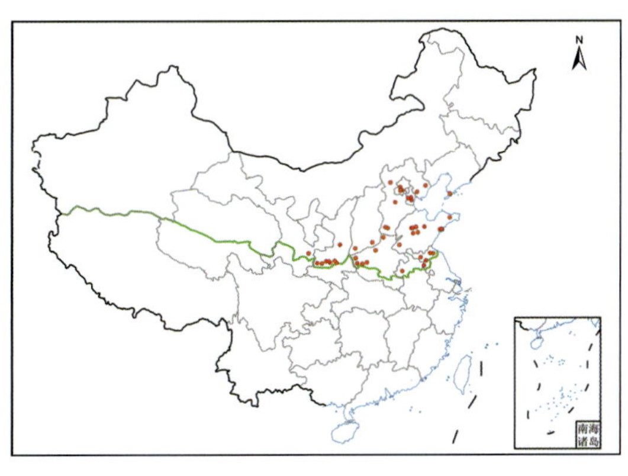

泗阳)、徐州(邳州);**河北:**保定(莲池)、邯郸(丛台、复兴、武安)、秦皇岛(北戴河)、唐山(路北)、张家口(宣化);**天津:**滨海、和平、南开;**北京:**昌平、朝阳、海淀、石景山;**安徽:**阜阳(颍泉);**河南:**安阳(林州)、焦作(博爱)、洛阳(栾川、嵩县)、三门峡(灵宝、卢氏);**山西:**晋城(泽州)、运城(永济);**陕西:**宝鸡(凤县、眉县、太白)、西安(长安、周至)、咸阳(秦都、杨陵)、延安(黄陵);**甘肃:**天水(麦积)。

华东(苏南、皖南、赣、浙、闽、沪、台)、华中(豫南、鄂、湘、贵)、华南(粤、桂、琼)、西南(陕南、川、渝、滇)。

全球分布 亚洲、大洋洲、北美洲。

鸡矢藤

***Paederia foetida* L.**

1. 多年生藤本，攀附在圆柏、连翘等乔灌木上；2. 在北方地区依靠缠绕茎和地下走茎越冬；3. 叶对生，膜质，卵状至披针形，蝎尾状三歧聚伞花序生于叶腋或枝顶；4. 花冠边缘白色，内侧蓝紫色；5. 结果量大，果实宿存；6. 果实成熟后金黄色至橙红色，表面光亮。

（图 1~6 郝强 摄）

附录　中国北方外来非入侵植物（165 种）

序号	科名	属名	Family	Genus	Species	中文名	生存状态	进入途径
1	胡椒科	草胡椒属	Piperaceae	*Peperomia*	*Peperomia pellucida*（L.）Kunth	草胡椒	栽培	有意引入（观赏植物）
2	天南星科	大薸属	Araceae	*Pistia*	*Pistia stratiotes* L.	大薸	栽培	有意引入（观赏植物）
3	鸢尾科	鸢尾属	Iridaceae	*Iris*	*Iris pseudacorus* L.	黄菖蒲	栽培	有意引入（观赏植物）
4	鸭趾草科	紫露草属	Commelinaceae	*Tradescantia*	*Tradescantia zebrina* Bosse	吊竹梅	栽培	有意引入（观赏植物）
5	竹芋科	水竹芋属	Marantaceae	*Thalia*	*Thalia dealbata* Fraser	水竹芋	栽培	有意引入（观赏植物）
6	莎草科	莎草属	Cyperaceae	*Cyperus*	*Cyperus alternifolius* subsp. *flabelliformis* Kük.	风车草	栽培	有意引入（观赏植物）
7	禾本科	雀麦属	Gramineae（Poaceae）	*Bromus*	*Bromus arvensis* L.	田雀麦	归化	有意引入（牧草）
8	禾本科	雀麦属	Gramineae（Poaceae）	*Bromus*	*Bromus catharticus* Vahl	扁穗雀麦	归化	有意引入（牧草）
9	禾本科	大麦属	Gramineae（Poaceae）	*Hordeum*	*Hordeum jubatum* L.	芒颖大麦草	归化	有意引入（观赏植物）
10	禾本科	黑麦属	Gramineae（Poaceae）	*Secale*	*Secale cereale* L.	黑麦	归化	有意引入（牧草）
11	禾本科	燕麦草属	Gramineae（Poaceae）	*Arrhenatherum*	*Arrhenatherum elatius*（L.）P. Beauv. ex J. Presl & C. Presl	燕麦草	归化	有意引入（牧草）
12	禾本科	黑麦草属	Gramineae（Poaceae）	*Lolium*	*Lolium arundinaceum*（Schreb.）Darbysh.	苇状羊茅	归化	有意引入（草坪草）
13	禾本科	黑麦草属	Gramineae（Poaceae）	*Lolium*	*Lolium multiflorum* Lam.	多花黑麦草	归化	有意引入（牧草）
14	禾本科	黑麦草属	Gramineae（Poaceae）	*Lolium*	*Lolium perenne* L.	黑麦草	归化	有意引入（牧草）

（续表）

序号	科名	属名	Family	Genus	Species	中文名	生存状态	进入途径
15	禾本科	黑麦草属	Gramineae (Poaceae)	*Lolium*	*Lolium persicum* Boiss. & Hohen.	欧黑麦草	归化	有意引入（牧草）
16	禾本科	黑麦草属	Gramineae (Poaceae)	*Lolium*	*Lolium pratense* (Huds.) Darbysh.	草甸羊茅	归化	有意引入（草坪草）
17	禾本科	黑麦草属	Gramineae (Poaceae)	*Lolium*	*Lolium remotum* Schrank	疏花黑麦草	归化	有意引入（牧草）
18	禾本科	黑麦草属	Gramineae (Poaceae)	*Lolium*	*Lolium rigidum* Gaudich	硬直黑麦草	归化	有意引入（牧草）
19	禾本科	黑麦草属	Gramineae (Poaceae)	*Lolium*	*Lolium temulentum* var. *arvense* (With.) Lilj.	田野黑麦草	归化	有意引入（牧草）
20	禾本科	梯牧草属	Gramineae (Poaceae)	*Phleum*	*Phleum pratense* L.	梯牧草	归化	有意引入（牧草）
21	禾本科	画眉草属	Gramineae (Poaceae)	*Eragrostis*	*Eragrostis curvula* (Schrad.) Nees	弯叶画眉草	栽培	有意引入（草坪草）
22	禾本科	鼠尾粟属	Gramineae (Poaceae)	*Sporobolus*	*Sporobolus alterniflorus* (Loisel.) P. M. Peterson & Saarela	互花米草	归化	有意引入（固滩）
23	禾本科	鼠尾粟属	Gramineae (Poaceae)	*Sporobolus*	*Sporobolus anglicus* (C. E. Hubb.) P. M. Peterson & Saarela	大米草	归化	有意引入（固滩）
24	禾本科	鼠尾粟属	Gramineae (Poaceae)	*Sporobolus*	*Sporobolus pyramidatus* (Lam.) Hitchc.	具枕鼠尾粟	归化	有意引入（草坪草）
25	禾本科	垂穗草属	Gramineae (Poaceae)	*Bouteloua*	*Bouteloua dactyloides* (Nutt.) Columbus	野牛草	归化	有意引入（草坪草）
26	禾本科	弯穗草属	Gramineae (Poaceae)	*Dinebra*	*Dinebra retroflexa* (Vahl) Panz.	弯穗草	归化	有意引入（草坪草）

（续表）

序号	科名	属名	Family	Genus	Species	中文名	生存状态	进入途径
27	禾本科	蒺藜草属	Gramineae (Poaceae)	*Cenchrus*	*Cenchrus purpureus* (Schumach.) Morrone	象草	归化	有意引入（牧草）
28	禾本科	黍属	Gramineae (Poaceae)	*Panicum*	*Panicum repens* L.	铺地黍	归化	有意引入（牧草）
29	禾本科	雀稗属	Gramineae (Poaceae)	*Paspalum*	*Paspalum conjugatum* P. J. Bergius	两耳草	归化	有意引入（牧草）
30	禾本科	雀稗属	Gramineae (Poaceae)	*Paspalum*	*Paspalum dilatatum* Poir.	毛花雀稗	归化	有意引入（牧草）
31	禾本科	雀稗属	Gramineae (Poaceae)	*Paspalum*	*Paspalum notatum* Flüggé	百喜草	归化	有意引入（牧草）
32	毛茛科	毛茛属	Ranunculaceae	*Ranunculus*	*Ranunculus muricatus* L.	刺果毛茛	归化	有意引入（观赏植物）
33	景天科	伽蓝菜属	Crassulaceae	*Kalanchoe*	*Kalanchoe delagoensis* Eckl. & Zeyh.	洋吊钟	栽培	有意引入（观赏植物）
34	景天科	伽蓝菜属	Crassulaceae	*Kalanchoe*	*Kalanchoe pinnata* (Lam.) Pers.	落地生根	栽培	有意引入（观赏植物）
35	小二仙草科	狐尾藻属	Haloragaceae	*Myriophyllum*	*Myriophyllum aquaticum* (Vell.) Verdc.	粉绿狐尾藻	栽培	有意引入（观赏植物）
36	葡萄科	地锦属	Vitaceae	*Parthenocissus*	*Parthenocissus quinquefolia* (L.) Planch.	五叶地锦	栽培	有意引入（观赏植物）
37	豆科	决明属	Leguminosae	*Senna*	*Senna corymbosa* (Lam.) H. S. Irwin & Barneby	伞房决明	栽培	有意引入（观赏植物）
38	豆科	决明属	Leguminosae	*Senna*	*Senna obtusifolia* (L.) Link	钝叶决明	栽培	有意引入（药用植物）
39	豆科	决明属	Leguminosae	*Senna*	*Senna occidentalis* (L.) Link	望江南	栽培	有意引入（药用植物）
40	豆科	决明属	Leguminosae	*Senna*	*Senna sophera* (L.) Roxb.	槐叶决明	栽培	有意引入（药用植物）
41	豆科	山扁豆属	Leguminosae	*Chamaecrista*	*Chamaecrista mimosoides* (L.) Greene	山扁豆	栽培	有意引入（牧草）

（续表）

序号	科名	属名	Family	Genus	Species	中文名	生存状态	进入途径
42	豆科	银合欢属	Leguminosae	*Leucaena*	*Leucaena leucocephala*（Lam.）de Wit	银合欢	栽培	有意引入（观赏植物）
43	豆科	金合欢属	Leguminosae	*Vachellia*	*Vachellia farnesiana*（L.）Wight & Arn.	金合欢	栽培	有意引入（观赏植物）
44	豆科	含羞草属	Leguminosae	*Mimosa*	*Mimosa bimucronata*（DC.）Kuntze	光荚含羞草	栽培	有意引入（观赏植物）
45	豆科	含羞草属	Leguminosae	*Mimosa*	*Mimosa pudica* L.	含羞草	栽培	有意引入（观赏植物）
46	豆科	合欢属	Leguminosae	*Albizia*	*Albizia lebbeck*（L.）Benth.	阔荚合欢	栽培	有意引入（观赏植物）
47	豆科	猪屎豆属	Leguminosae	*Crotalaria*	*Crotalaria incana* L.	圆叶猪屎豆	栽培	有意引入（牧草）
48	豆科	猪屎豆属	Leguminosae	*Crotalaria*	*Crotalaria juncea* L.	菽麻	栽培	有意引入（牧草）
49	豆科	猪屎豆属	Leguminosae	*Crotalaria*	*Crotalaria pallida* Aiton	猪屎豆	栽培	有意引入（牧草）
50	豆科	紫穗槐属	Leguminosae	*Amorpha*	*Amorpha fruticosa* L.	紫穗槐	归化	有意引入（固坡）
51	豆科	木蓝属	Leguminosae	*Indigofera*	*Indigofera suffruticosa* Mill.	野青树	栽培	有意引入（观赏植物）
52	豆科	距瓣豆属	Leguminosae	*Centrosema*	*Centrosema pubescens* Benth.	距瓣豆	栽培	有意引入（牧草）
53	豆科	木豆属	Leguminosae	*Cajanus*	*Cajanus cajan*（L.）Huth	木豆	栽培	有意引入（牧草）
54	豆科	田菁属	Leguminosae	*Sesbania*	*Sesbania cannabina*（Retz.）Poir.	田菁	栽培	有意引入（牧草）
55	豆科	斧荚豆属	Leguminosae	*Securigera*	*Securigera varia*（L.）Lassen	绣球小冠花	栽培	有意引入（观赏植物）
56	豆科	刺槐属	Leguminosae	*Robinia*	*Robinia pseudoacacia* L.	刺槐	归化	有意引入（观赏植物）
57	豆科	黄芪属	Leguminosae	*Astragalus*	*Astragalus cicer* L.	鹰嘴紫云英	栽培	有意引入（牧草）
58	豆科	苜蓿属	Leguminosae	*Medicago*	*Medicago polymorpha* L.	南苜蓿	栽培	有意引入（牧草）
59	豆科	苜蓿属	Leguminosae	*Medicago*	*Medicago sativa* L.	紫苜蓿	栽培	有意引入（牧草）
60	豆科	草木犀属	Leguminosae	*Melilotus*	*Melilotus albus* Medik.	白花草木犀	归化	有意引入（牧草）
61	豆科	草木犀属	Leguminosae	*Melilotus*	*Melilotus indicus*（L.）Lam.	印度草木犀	归化	有意引入（牧草）

（续表）

序号	科名	属名	Family	Genus	Species	中文名	生存状态	进入途径
62	豆科	草木犀属	Leguminosae	*Melilotus*	*Melilotus officinalis*（L.）Lam.	草木犀	归化	有意引入（牧草）
63	豆科	车轴草属	Leguminosae	*Trifolium*	*Trifolium hybridum* L.	杂种车轴草	归化	有意引入（观赏植物）
64	豆科	车轴草属	Leguminosae	*Trifolium*	*Trifolium incarnatum* L.	绛车轴草	归化	有意引入（观赏植物）
65	豆科	车轴草属	Leguminosae	*Trifolium*	*Trifolium pratense* L.	红车轴草	归化	有意引入（观赏植物）
66	豆科	车轴草属	Leguminosae	*Trifolium*	*Trifolium repens* L.	白车轴草	归化	有意引入（观赏植物）
67	豆科	野豌豆属	Leguminosae	*Vicia*	*Vicia villosa* Roth	长柔毛野豌豆	归化	有意引入（观赏植物）
68	桑科	大麻属	Moraceae	*Cannabis*	*Cannabis sativa* L.	大麻	归化	有意引入（织物）
69	葫芦科	刺瓜属	Cucurbitaceae	*Echinocystis*	*Echinocystis lobata*（Michaux）Torrey & A. Gray	刺瓜	栽培	有意引入（食用性植物）
70	酢浆草科	酢浆草属	Oxalidaceae	*Oxalis*	*Oxalis articulata* Savigny	关节酢浆草	栽培	有意引入（观赏植物）
71	酢浆草科	酢浆草属	Oxalidaceae	*Oxalis*	*Oxalis bowiei* W. T. Aiton ex G. Don	大花酢浆草	栽培	有意引入（观赏植物）
72	酢浆草科	酢浆草属	Oxalidaceae	*Oxalis*	*Oxalis debilis* Kunth	红花酢浆草	栽培	有意引入（观赏植物）
73	酢浆草科	酢浆草属	Oxalidaceae	*Oxalis*	*Oxalis triangularis* A. St. - Hil.	紫叶酢浆草	栽培	有意引入（观赏植物）
74	大戟科	大戟属	Euphorbiaceae	*Euphorbia*	*Euphorbia antiquorum* L.	火殃簕	栽培	有意引入（观赏植物）
75	大戟科	大戟属	Euphorbiaceae	*Euphorbia*	*Euphorbia marginata* Pursh	银边翠	栽培	有意引入（观赏植物）
76	大戟科	大戟属	Euphorbiaceae	*Euphorbia*	*Euphorbia peplus* L.	南欧大戟	归化	无意引入
77	大戟科	大戟属	Euphorbiaceae	*Euphorbia*	*Euphorbia pulcherrima* Willd. ex Klotzsch	一品红	栽培	有意引入（观赏植物）
78	大戟科	大戟属	Euphorbiaceae	*Euphorbia*	*Euphorbia serpens* Kunth	匍根大戟	归化	有意引入（观赏植物）
79	大戟科	大戟属	Euphorbiaceae	*Euphorbia*	*Euphorbia tirucalli* L.	绿玉树	栽培	有意引入（观赏植物）
80	大戟科	蓖麻属	Euphorbiaceae	*Ricinus*	*Ricinus communis* L.	蓖麻	归化	有意引入（药用植物）

（续表）

序号	科名	属名	Family	Genus	Species	中文名	生存状态	进入途径
81	柳叶菜科	月见草属	Onagraceae	*Oenothera*	*Oenothera biennis* L.	月见草	栽培	有意引入（观赏植物）
82	柳叶菜科	月见草属	Onagraceae	*Oenothera*	*Oenothera drummondii* Hook.	海滨月见草	栽培	有意引入（观赏植物）
83	柳叶菜科	月见草属	Onagraceae	*Oenothera*	*Oenothera lindheimeri*（Engelm. & A. Gray）W. L. Wagner & Hoch	山桃草	栽培	有意引入（观赏植物）
84	柳叶菜科	月见草属	Onagraceae	*Oenothera*	*Oenothera parviflora* L.	小花月见草	归化	有意引入（观赏植物）
85	柳叶菜科	月见草属	Onagraceae	*Oenothera*	*Oenothera speciosa* Nutt.	美丽月见草	栽培	有意引入（观赏植物）
86	柳叶菜科	月见草属	Onagraceae	*Oenothera*	*Oenothera stricta* Ledeb. & Link	待宵草	栽培	有意引入（观赏植物）
87	柳叶菜科	月见草属	Onagraceae	*Oenothera*	*Oenothera tetraptera* Cav.	四翅月见草	栽培	有意引入（观赏植物）
88	柳叶菜科	月见草属	Onagraceae	*Oenothera*	*Oenothera villosa* Thunb.	长毛月见草	栽培	有意引入（观赏植物）
89	漆树科	盐麸木属	Anacardiaceae	*Rhus*	*Rhus typhina* L.	火炬树	栽培	有意引入（固坡）
90	无患子科	槭属	Sapindaceae	*Acer*	*Acer negundo* L.	梣叶槭	栽培	有意引入（观赏植物）
91	十字花科	蔊菜属	Brassicaceae	*Rorippa*	*Rorippa amphibia*（L.）Besser	两栖蔊菜	归化	无意引入
92	十字花科	二行芥属	Brassicaceae	*Diplotaxis*	*Diplotaxis muralis*（L.）DC.	二行芥	归化	无意引入
93	蓼科	珊瑚藤属	Polygonaceae	*Antigonon*	*Antigonon leptopus* Hook. & Arn.	珊瑚藤	栽培	有意引入（观赏植物）
94	苋科	青葙属	Amaranthaceae	*Celosia*	*Celosia cristata* L.	鸡冠花	栽培	有意引入（观赏植物）
95	苋科	苋属	Amaranthaceae	*Amaranthus*	*Amaranthus caudatus* L.	老枪谷	归化	有意引入（食用性植物）
96	苋科	苋属	Amaranthaceae	*Amaranthus*	*Amaranthus cruentus* L.	老鸦谷	归化	有意引入（食用性植物）
97	苋科	苋属	Amaranthaceae	*Amaranthus*	*Amaranthus hypochondriacus* L.	千穗谷	归化	有意引入（食用性植物）
98	苋科	苋属	Amaranthaceae	*Amaranthus*	*Amaranthus powellii* S. Watson	鲍氏苋	归化	无意引入
99	苋科	苋属	Amaranthaceae	*Amaranthus*	*Amaranthus standleyanus* Parodi ex Covas	菱叶苋	归化	无意引入

（续表）

序号	科名	属名	Family	Genus	Species	中文名	生存状态	进入途径
100	苋科	苋属	Amaranthaceae	*Amaranthus*	*Amaranthus tenuifolius* Willd.	薄叶苋	归化	无意引入
101	苋科	苋属	Amaranthaceae	*Amaranthus*	*Amaranthus tricolor* L.	苋	归化	有意引入（食用性植物）
102	苋科	千日红属	Amaranthaceae	*Gomphrena*	*Gomphrena globosa* L.	千日红	栽培	有意引入（观赏植物）
103	苋科	滨藜属	Amaranthaceae	*Atriplex*	*Atriplex canescens*（Pursh）Nutt.	四翅滨藜	归化	有意引入（固沙）
104	紫茉莉科	紫茉莉属	Nyctaginaceae	*Mirabilis*	*Mirabilis jalapa* L.	紫茉莉	归化	有意引入（观赏植物）
105	紫茉莉科	紫茉莉属	Nyctaginaceae	*Mirabilis*	*Mirabilis nyctaginea*（Michx.）MacMill.	夜香紫茉莉	栽培	有意引入（观赏植物）
106	土人参科	土人参属	Talinaceae	*Talinum*	*Talinum paniculatum*（Jacq.）Gaertn	土人参	栽培	有意引入（药用植物）
107	马齿苋科	马齿苋属	Portulacaceae	*Portulaca*	*Portulaca grandiflora* Hook.	大花马齿苋	栽培	有意引入（观赏植物）
108	仙人掌科	仙人掌属	Cactaceae	*Opuntia*	*Opuntia dillenii*（Ker Gawl.）Haw.	仙人掌	栽培	有意引入（观赏植物）
109	凤仙花科	凤仙花属	Balsaminaceae	*Impatiens*	*Impatiens balsamina* L.	凤仙花	归化	有意引入（观赏植物）
110	夹竹桃科	马利筋属	Apocynaceae	*Asclepias*	*Asclepias curassavica* L.	马利筋	栽培	有意引入（观赏植物）
111	夹竹桃科	长春花属	Apocynaceae	*Catharanthus*	*Catharanthus roseus*（L.）G. Don	长春花	栽培	有意引入（观赏植物）
112	紫草科	琉璃苣属	Boraginaceae	*Borago*	*Borago officinalis* L.	琉璃苣	归化	有意引入（药用植物）
113	紫草科	聚合草属	Boraginaceae	*Symphytum*	*Symphytum officinale* L.	聚合草	归化	有意引入（牧草）
114	旋花科	菟丝子属	Convolvulaceae	*Cuscuta*	*Cuscuta approximata* Bab.	杯花菟丝子	归化	无意引入
115	旋花科	菟丝子属	Convolvulaceae	*Cuscuta*	*Cuscuta epilinum* Weihe	亚麻菟丝子	归化	无意引入
116	旋花科	番薯属	Convolvulaceae	*Ipomoea*	*Ipomoea alba* L.	月光花	栽培	有意引入（观赏植物）
117	旋花科	番薯属	Convolvulaceae	*Ipomoea*	*Ipomoea cairica*（L.）Sweet	五爪金龙	栽培	有意引入（观赏植物）
118	旋花科	番薯属	Convolvulaceae	*Ipomoea*	*Ipomoea coccinea* L.	橙红茑萝	栽培	有意引入（观赏植物）

（续表）

序号	科名	属名	Family	Genus	Species	中文名	生存状态	进入途径
119	旋花科	番薯属	Convolvulaceae	*Ipomoea*	*Ipomoea quamoclit* L.	茑萝	栽培	有意引入（观赏植物）
120	旋花科	番薯属	Convolvulaceae	*Ipomoea*	*Ipomoea triloba* L.	三裂叶薯	栽培	有意引入（观赏植物）
121	旋花科	小牵牛属	Convolvulaceae	*Jacquemontia*	*Jacquemontia tamnifolia*（L.）Griseb.	苞叶小牵牛	栽培	有意引入（观赏植物）
122	茄科	茄属	Solanaceae	*Solanum*	*Solanum pseudocapsicum* L.	珊瑚樱	归化	有意引入（观赏植物）
123	茄科	曼陀罗属	Solanaceae	*Datura*	*Datura metel* L.	洋金花	栽培	有意引入（药用植物）
124	茄科	洋酸浆属	Solanaceae	*Physalis*	*Physalis ixocarpa* Brot. ex Hornem.	黏果酸浆	栽培	有意引入（食用性植物）
125	茄科	洋酸浆属	Solanaceae	*Physalis*	*Physalis peruviana* L.	灯笼果	栽培	有意引入（食用性植物）
126	茄科	洋酸浆属	Solanaceae	*Physalis*	*Physalis philadelphica* Lam.	费城酸浆	栽培	有意引入（食用性植物）
127	茄科	洋酸浆属	Solanaceae	*Physalis*	*Physalis pubescens* L.	毛酸浆	栽培	有意引入（食用性植物）
128	车前科	毛地黄属	Plantaginaceae	*Digitalis*	*Digitalis purpurea* L.	毛地黄	栽培	有意引入（观赏植物）
129	马鞭草科	马鞭草属	Verbenaceae	*Verbena*	*Verbena bonariensis* L.	柳叶马鞭草	栽培	有意引入（观赏植物）
130	马鞭草科	马鞭草属	Verbenaceae	*Verbena*	*Verbena brasiliensis* Vell.	狭叶马鞭草	栽培	有意引入（观赏植物）
131	马鞭草科	马缨丹属	Verbenaceae	*Lantana*	*Lantana camara* L.	马缨丹	栽培	有意引入（观赏植物）
132	唇形科	罗勒属	Lamiaceae	*Ocimum*	*Ocimum basilicum* L.	罗勒	栽培	有意引入（食用性植物）
133	唇形科	鼠尾草属	Lamiaceae	*Salvia*	*Salvia coccinea* Buc'hoz ex Etl.	朱唇	栽培	有意引入（观赏植物）
134	唇形科	鼠尾草属	Lamiaceae	*Salvia*	*Salvia reflexa* Hornem.	矛叶鼠尾草	栽培	有意引入（观赏植物）
135	菊科	矢车菊属	Asteraceae	*Centaurea*	*Centaurea cyanus* L.	矢车菊	归化	有意引入（观赏植物）
136	菊科	矢车菊属	Asteraceae	*Centaurea*	*Centaurea diffusa* Lam.	铺散矢车菊	归化	有意引入（观赏植物）
137	菊科	菊苣属	Asteraceae	*Cichorium*	*Cichorium intybus* L.	菊苣	归化	有意引入（观赏植物）
138	菊科	蒲公英属	Asteraceae	*Taraxacum*	*Taraxacum officinale* F. H. Wigg.	药用蒲公英	归化	有意引入（药用植物）
139	菊科	滨菊属	Asteraceae	*Leucanthemum*	*Leucanthemum vulgare* Lam.	滨菊	栽培	有意引入（观赏植物）

（续表）

序号	科名	属名	Family	Genus	Species	中文名	生存状态	进入途径
140	菊科	茼蒿属	Asteraceae	*Glebionis*	*Glebionis coronaria*（L.）Cass. ex Spach	茼蒿	栽培	有意引入（食用性植物）
141	菊科	茼蒿属	Asteraceae	*Glebionis*	*Glebionis segetum*（L.）Fourr.	南茼蒿	栽培	有意引入（食用性植物）
142	菊科	堆心菊属	Asteraceae	*Helenium*	*Helenium autumnale* L.	堆心菊	栽培	有意引入（观赏植物）
143	菊科	天人菊属	Asteraceae	*Gaillardia*	*Gaillardia aristata* Pursh	宿根天人菊	栽培	有意引入（观赏植物）
144	菊科	天人菊属	Asteraceae	*Gaillardia*	*Gaillardia pulchella* Foug.	天人菊	栽培	有意引入（观赏植物）
145	菊科	秋英属	Asteraceae	*Cosmos*	*Cosmos bipinnatus* Cav.	秋英	归化	有意引入（观赏植物）
146	菊科	秋英属	Asteraceae	*Cosmos*	*Cosmos sulphureus* Cav.	黄秋英	栽培	有意引入（观赏植物）
147	菊科	鬼针草属	Asteraceae	*Bidens*	*Bidens alba*（L.）DC.	白花鬼针草	归化	有意引入（观赏植物）
148	菊科	鬼针草属	Asteraceae	*Bidens*	*Bidens odorata* Dum. Cours.	芳香鬼针草	归化	有意引入（观赏植物）
149	菊科	金鸡菊属	Asteraceae	*Coreopsis*	*Coreopsis grandiflora* Hogg ex Sweet	大花金鸡菊	栽培	有意引入（观赏植物）
150	菊科	金鸡菊属	Asteraceae	*Coreopsis*	*Coreopsis lanceolata* L.	剑叶金鸡菊	栽培	有意引入（观赏植物）
151	菊科	金鸡菊属	Asteraceae	*Coreopsis*	*Coreopsis tinctoria* Nutt.	两色金鸡菊	栽培	有意引入（观赏植物）
152	菊科	万寿菊属	Asteraceae	*Tagetes*	*Tagetes erecta* L.	万寿菊	归化	有意引入（观赏植物）
153	菊科	松香草属	Asteraceae	*Silphium*	*Silphium perfoliatum* L.	串叶松香草	归化	有意引入（观赏植物）
154	菊科	金光菊属	Asteraceae	*Rudbeckia*	*Rudbeckia hirta* L.	黑心菊	栽培	有意引入（观赏植物）
155	菊科	金光菊属	Asteraceae	*Rudbeckia*	*Rudbeckia laciniata* L.	金光菊	栽培	有意引入（观赏植物）
156	菊科	松果菊属	Asteraceae	*Echinacea*	*Echinacea purpurea*（L.）Moench	松果菊	栽培	有意引入（观赏植物）
157	菊科	百日菊属	Asteraceae	*Zinnia*	*Zinnia elegans* Jacq.	百日菊	栽培	有意引入（观赏植物）
158	菊科	百日菊属	Asteraceae	*Zinnia*	*Zinnia peruviana*（L.）L.	多花百日菊	栽培	有意引入（观赏植物）
159	菊科	包果菊属	Asteraceae	*Smallanthus*	*Smallanthus uvedalia*（L.）Mack.	包果菊	栽培	有意引入（观赏植物）

（续表）

序号	科名	属名	Family	Genus	Species	中文名	生存状态	进入途径
160	菊科	泽兰属	Asteraceae	*Eupatorium*	*Eupatorium cannabinum* L.	大麻叶泽兰	栽培	有意引入（药用植物）
161	菊科	藿香蓟属	Asteraceae	*Ageratum*	*Ageratum conyzoides* L.	藿香蓟	栽培	有意引入（观赏植物）
162	菊科	藿香蓟属	Asteraceae	*Ageratum*	*Ageratum houstonianum* Mill.	熊耳草	栽培	有意引入（观赏植物）
163	伞形科	刺芹属	Apiaceae	*Eryngium*	*Eryngium foetidum* L.	刺芹	栽培	有意引入（药用植物）
164	伞形科	胡萝卜属	Apiaceae	*Daucus*	*Daucus carota* L.	野胡萝卜	归化	有意引入（药用植物）
165	五加科	天胡荽属	Araliaceae	*Hydrocotyle*	*Hydrocotyle verticillata* Thunb.	南美天胡荽	栽培	有意引入（观赏植物）

注：本表中植物参考 APG 系统顺序排列，生存状态指当前该物种在中国北方地区分布的主要状态，进入途径指进入中国的主要途径。

植物中文名索引

阿拉伯婆婆纳…… 192

凹头苋…… 103

白花紫露草…… 9

白苋…… 97

斑地锦…… 53

北美车前…… 200

北美刺龙葵…… 159

北美独行菜…… 83

北美苋…… 100

糙果苋…… 121

长苞马鞭草…… 202

长刺蒺藜草…… 27

长喙婆罗门参…… 207

长芒苋…… 109

长叶水苋菜…… 58

齿裂大戟…… 46

臭荠…… 81

垂序商陆…… 137

春飞蓬…… 233

刺苍耳…… 269

刺果瓜…… 40

刺囊瓜…… 42

刺苋…… 118

粗毛牛膝菊…… 278

大狼杷草…… 243

豆瓣菜…… 73

毒麦…… 21

多苞狼杷草…… 250

反枝苋…… 115

飞扬草…… 48

凤眼莲…… 12

禾叶慈姑…… 5

合被苋…… 112

黄顶菊…… 252

黄花刺茄…… 163

黄花月见草…… 63

灰绿酸浆…… 187

鸡矢藤…… 281

蒺藜草…… 24

加拿大一枝黄花…… 222

假苍耳…… 262

假酸浆…… 174

节节麦…… 15

睫毛坚扣草…… 145

菊芋…… 272

空心莲子草…… 126

苦蘵…… 184

瘤梗番薯…… 151

落葵薯…… 140

绿独行菜…… 76

绿穗苋…… 106
麦仙翁…… 94
曼陀罗…… 180
芒苞车前…… 198
毛果茄…… 172
毛龙葵…… 166
毛曼陀罗…… 177
密花独行菜…… 78
南美鬼针草…… 248
牛膝菊…… 275
欧洲千里光…… 219
婆婆纳…… 195
婆婆针…… 240
匍匐大戟…… 56
铺地藜…… 132
牵牛…… 153
苘麻…… 70
球序卷耳…… 91
三裂叶豚草…… 259
三叶鬼针草…… 245
石茅…… 34
双穗雀稗…… 32
水盾草…… 3
水飞蓟…… 204
水蕴草…… 7
苏丹草…… 36
苏门白酒草…… 235
蒜芥茄…… 168
田茜…… 147
通奶草…… 50
土荆芥…… 129
豚草…… 256
屋根草…… 216
无瓣繁缕…… 88
喜马拉雅凤仙花…… 143
细叶满江红…… 1
香丝草…… 227
小花山桃草…… 60
小蓬草…… 230
小叶冷水花…… 38
猩猩草…… 44
续断菊…… 213
洋野黍…… 30
野萝卜…… 86
野莴苣…… 210
野西瓜苗…… 66
野燕麦…… 18
一年蓬…… 224
意大利苍耳…… 266
银胶菊…… 264
银毛龙葵…… 161
印加孔雀草…… 254
羽裂叶龙葵…… 170
原野菟丝子…… 149
圆叶牵牛…… 156
杂配藜…… 134
直立婆婆纳…… 189
皱果苋…… 123
钻形紫菀…… 237

植物拉丁学名索引

Abutilon theophrasti ······ 70
Aegilops tauschii ······ 15
Agrostemma githago ······ 94
Alternanthera philoxeroides ······ 126
Amaranthus albus ······ 97
Amaranthus blitoides ······ 100
Amaranthus blitum ······ 103
Amaranthus hybridus ······ 106
Amaranthus palmeri ······ 109
Amaranthus polygonoides ······ 112
Amaranthus retroflexus ······ 115
Amaranthus spinosus ······ 118
Amaranthus tuberculatus ······ 121
Amaranthus viridis ······ 123
Ambrosia artemisiifolia ······ 256
Ambrosia trifida ······ 259
Ammannia coccinea ······ 58
Anredera cordifolia ······ 140
Avena fatua ······ 18
Azolla filiculoides ······ 1
Bidens bipinnata ······ 240
Bidens frondosa ······ 243
Bidens pilosa ······ 245
Bidens subalternans ······ 248
Bidens vulgata ······ 250
Cabomba caroliniana ······ 3
Cenchrus echinatus ······ 24
Cenchrus longispinus ······ 27
Cerastium glomeratum ······ 91
Chenopodiastrum hybridum ······ 134
Crepis tectorum ······ 216
Cuscuta campestris ······ 149
Cyclachaena xanthiifolia ······ 262
Datura innoxia ······ 177
Datura stramonium ······ 180
Dysphania ambrosioides ······ 129
Dysphania pumilio ······ 132
Echinocystis lobata ······ 42
Eichhornia crassipes ······ 12
Elodea densa ······ 7
Erigeron annuus ······ 224
Erigeron bonariensis ······ 227
Erigeron canadensis ······ 230
Erigeron philadelphicus ······ 233
Erigeron sumatrensis ······ 235
Euphorbia cyathophora ······ 44
Euphorbia dentata ······ 46
Euphorbia hirta ······ 48
Euphorbia hypericifolia ······ 50
Euphorbia maculata ······ 53

Euphorbia prostrata ······ 56
Flaveria bidentis ······ 252
Galinsoga parviflora ······ 275
Galinsoga quadriradiata ······ 278
Helianthus tuberosus ······ 272
Hexasepalum teres ······ 145
Hibiscus trionum ······ 66
Impatiens glandulifera ······ 143
Ipomoea lacunosa ······ 151
Ipomoea nil ······ 153
Ipomoea purpurea ······ 156
Lactuca serriola ······ 210
Lepidium campestre ······ 76
Lepidium densiflorum ······ 78
Lepidium didymum ······ 81
Lepidium virginicum ······ 83
Lolium temulentum ······ 21
Nasturtium officinale ······ 73
Nicandra physalodes ······ 174
Oenothera curtiflora ······ 60
Oenothera glazioviana ······ 63
Paederia foetida ······ 281
Panicum dichotomiflorum ······ 30
Parthenium hysterophorus ······ 264
Paspalum distichum ······ 32
Physalis angulata ······ 184
Physalis grisea ······ 187
Phytolacca americana ······ 137
Pilea microphylla ······ 38
Plantago aristata ······ 198
Plantago virginica ······ 200
Raphanus raphanistrum ······ 86
Sagittaria graminea ······ 5
Senecio vulgaris ······ 219
Sherardia arvensis ······ 147
Sicyos angulatus ······ 40
Silybum marianum ······ 204
Solanum carolinense ······ 159
Solanum elaeagnifolium ······ 161
Solanum rostratum ······ 163
Solanum sarrachoides ······ 166
Solanum sisymbriifolium ······ 168
Solanum triflorum ······ 170
Solanum viarum ······ 172
Solidago canadensis ······ 222
Sonchus asper ······ 213
Sorghum bicolor nothosubsp. *drummondii* ······ 36
Sorghum halepense ······ 34
Stellaria apetala ······ 88
Symphyotrichum subulatum ······ 237
Tagetes minuta ······ 254
Tradescantia fluminensis ······ 9
Tragopogon dubius ······ 207
Verbena bracteata ······ 202
Veronica arvensis ······ 189
Veronica persica ······ 192
Veronica polita ······ 195
Xanthium italicum ······ 266
Xanthium spinosum ······ 269